CONTEÚDO DIGITAL PARA ALUNOS
Cadastre-se e transforme seus estudos em uma experiência única de aprendizado:

Entre na página de cadastro:
www.editoradobrasil.com.br/sistemas/cadastro

Além dos seus dados pessoais e dos dados de sua escola, adicione ao cadastro o código do aluno, que garantirá a exclusividade do seu ingresso à plataforma.

1450354A2781083

Depois, acesse:
www.editoradobrasil.com.br/leb
e navegue pelos conteúdos digitais de sua coleção :D

Lembre-se de que esse código, pessoal e intransferível, é valido por um ano. Guarde-o com cuidado, pois é a única maneira de você acessar os conteúdos da plataforma.

CB037109

Editora do Brasil

Raciocínio e Cálculo Mental

8
Ensino Fundamental
Anos Finais

1ª edição
São Paulo, 2022

Dados Internacionais de Catalogação na Publicação (CIP)
(Câmara Brasileira do Livro, SP, Brasil)

Dante, Luiz Roberto
  Raciocínio e cálculo mental 8 : ensino fundamental : anos finais / Luiz Roberto Dante. -- 1. ed. -- São Paulo : Editora do Brasil, 2022. -- (Raciocínio e cálculo mental)

  ISBN 978-85-10-09288-3 (aluno)
  ISBN 978-85-10-09286-9 (professor)

  1. Atividades e exercícios (Ensino fundamental) 2. Matemática (Ensino fundamental) 3. Raciocínio e lógica I. Título. II. Série.

22-116824   CDD-372.7

Índices para catálogo sistemático:

1. Matemática : Ensino fundamental   372.7
Cibele Maria Dias - Bibliotecária - CRB-8/9427

© Editora do Brasil S.A., 2022
Todos os direitos reservados

Direção-geral: Vicente Tortamano Avanso

Diretoria editorial: Felipe Ramos Poletti
Gerência editorial de conteúdo didático: Erika Caldin
Gerência editorial de produção e design: Ulisses Pires
Supervisão de design: Dea Melo
Supervisão de arte: Abdonildo José de Lima Santos
Supervisão de revisão: Elaine Cristina da Silva
Supervisão de iconografia: Léo Burgos
Supervisão de digital: Priscila Hernandez
Supervisão de controle de processos editoriais: Roseli Said
Supervisão de direitos autorais: Marilisa Bertolone Mendes

Supervisão editorial: Everton José Luciano
Consultoria técnica: Clodoaldo Pereira Leite
Edição: Paulo Roberto de Jesus Silva e Viviane Ribeiro
Assistente editorial: Rodrigo Cosmo dos Santos
Revisão: Andréia Andrade, Bianca Oliveira, Fernanda Sanchez, Gabriel Ornelas, Giovana Sanches, Jonathan Busato, Júlia Castello, Luiza Luchini, Maisa Akazawa, Mariana Paixão, Martin Gonçalves, Rita Costa, Rosani Andreani e Sandra Fernandes
Pesquisa Iconográfica: Ana Brait e Maria Catarina
Tratamento de Imagens: Robson Mereu
Projeto gráfico: Rafael Vianna e Talita Lima
Capa: Talita Lima
Edição de arte: Daniel Souza e Mario Junior
Ilustrações: DAE (Departamento de Arte e Editoração), Desenhorama, Dayane Raven, Ronaldo César e Tabata Nascimento
Editoração eletrônica: Estação das Teclas
Licenciamentos de textos: Cinthya Utiyama, Jennifer Xavier, Paula Harue Tozaki e Renata Garbellini
Controle de processos editoriais: Bruna Alves, Julia do Nascimento, Rita Poliane, Terezinha de Fátima Oliveira e Valeria Alves

1ª edição / 1ª impressão, 2022
Impresso na Hawaii Gráfica e Editora.

Rua Conselheiro Nébias, 887
São Paulo/SP – CEP 01203-001
Fone: +55 11 3226-0211
www.editoradobrasil.com.br

APRESENTAÇÃO

Raciocínio e cálculo mental são ferramentas que desafiam a curiosidade, estimulam a criatividade e nos ajudam na hora de resolver problemas e enfrentar situações desafiadoras.

Nesta coleção, apresentamos atividades que farão você perceber regularidades ou padrões, analisar informações, tomar decisões e resolver problemas. Essas atividades envolvem números e operações, geometria, grandezas e medidas, estatística, sequências, entre outros assuntos.

Esperamos contribuir para sua formação como cidadão atuante na sociedade.

Bons estudos!

O autor

CONHEÇA SEU LIVRO

DEDUÇÕES LÓGICAS: VAMOS FAZER?

Esta seção convida o estudante a resolver atividades de lógicas.

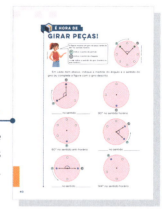

É HORA DE...

Esta seção proporciona ao estudante resolver, completar e elaborar diversos problemas e operações matemáticos.

REGULARIDADES

Esta seção convida os estudantes a resolver diversas atividades que abordam a regularidade de uma sequência.

ATIVIDADES

Seção que propõe diferentes atividades e situações-problema para você resolver desenvolvendo os conceitos abordados.

CÁLCULO MENTAL

Esta seção convida os estudantes a resolver mentalmente diversas atividades.

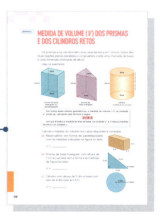

CONTEÚDO E ATIVIDADES DIVERSAS

O conteúdo é apresentado como revisão e convida os estudantes a resolver diversas atividades sobre o assunto estudado.

ÍCONES

 EM DUPLA   EM GRUPO    CALCULADORA   CÁLCULO MENTAL   DIGITAL   DESAFIO

SUMÁRIO

DEDUÇÕES LÓGICAS: VAMOS FAZER? 8

DESAFIO 9

Números racionais e suas representações 10

Valor mínimo e valor máximo em resultados de operações 11

Identificação de quadriláteros 13

Potenciação: é hora de recordar 14

Mais potenciação: vamos praticar? 15

Sequências com medidas 16

REGULARIDADE EM FAIXAS DECORATIVAS 17

É HORA DE RESOLVER PROBLEMA! 18

Cores favoritas nos 8ºs anos A e B 19

Potenciação e radiciação: calcular e aplicar 20

Composição de regiões planas com quadriláteros nos contornos 21

Uma aplicação da potenciação: notação científica 22

Transformação geométrica 23

DESAFIOS COM BALANÇAS 24

Termo geral e sequência correspondente 25

Quadrados mágicos 26

Painéis iguais em posições diferentes 27

Representação em gráficos e interpretação 28

Medida de área em terrenos 29

POSSIBILIDADES: FICHAS DE UM JOGO 30

Bissetriz de um ângulo 31

Mediatriz de um segmento de reta 32

Iguais ou diferentes? 33

É HORA DE RESOLVER PROBLEMA! 34

Equações, sistemas, gráficos e soluções 35

As diferentes vistas de um mesmo dado 36

Painéis com uso do compasso 37

POSSIBILIDADES: PROBABILIDADES INDICADAS COM FRAÇÕES IRREDUTÍVEIS OU COM PORCENTAGENS 38

É HORA DE GIRAR PEÇAS! 40

É HORA DE RESOLVER PROBLEMAS! 41

Círculo: medida do perímetro (P) e medida da área (A) 43

Aplicações da mediatriz de um segmento de reta e da bissetriz de um ângulo 44

É HORA DE ELABORAR PROBLEMAS! 46

Estatísticas em medidas 48

CÁLCULO MENTAL: CADA NÚMERO EM SEU LUGAR 49

Porcentagens em acréscimos e decréscimos 50

Gráfico de segmentos: interpretação 51

Ângulos de 30°, 60°, 120° e 15°: vamos construir? 52

DESAFIOS 53

Sistemas de equações e aplicação 54

Equação do tipo $ax^2 = b$, com $a \neq 0$: vamos explorar? 55

Existe ou não existe? Vamos descobrir? 56

Mais cálculos com medida de área 58

POSSIBILIDADES 59

Dominó matemático 60

DEDUÇÕES LÓGICAS: VAMOS FAZER? 61

DESAFIO 62

Grandezas diretamente ou inversamente proporcionais 63

É HORA DE RESOLVER E ELABORAR PROBLEMAS! 64

DESAFIO 65

Geratriz de dízima periódica simples: como descobrir? 66

Geratriz de dízima periódica composta: como descobrir? 67

Medida de volume (V) dos prismas e dos cilindros retos 68

Relação entre medidas de volume e medidas de capacidade 69

CÁLCULO MENTAL: CAÇA AOS NÚMEROS NATURAIS DE 3 ALGARISMOS 70

CÁLCULO MENTAL: VARIAÇÃO DE VALORES EM GRANDEZAS PROPORCIONAIS 71

Os giros das estrelas 73

Um problema e mais de uma resolução ...74

CÁLCULO MENTAL: ESTATÍSTICA DE UM CAMPEONATO DE FUTEBOL 75

POSSIBILIDADES: LEVANTAMENTO DE PROBABILIDADE 76

CÁLCULO MENTAL ENVOLVENDO GRANDEZAS PROPORCIONAIS .. 78

Das três alternativas, pinte a correta 79

É HORA DE RETOMAR TRANSFORMAÇÕES GEOMÉTRICAS 80

Diagrama de números e caça-números ... 82

É HORA DE PRATICAR OPERAÇÕES COM NÚMEROS RACIONAIS 83

É maior do que, é menor do que ou é igual a 85

É HORA DE ELABORAR E RESOLVER PROBLEMAS! 87

Não existe ou existe só um ou existem dois 89

Interpretação de gráficos 91

Faixas decorativas com simetrias 93

O intruso: localizar e assinalar 94

Construção de diagramas 96

É HORA DE RESOLVER PROBLEMAS! 97

CÁLCULO MENTAL EM PRISMAS E PIRÂMIDES 98

DESAFIO 99

É HORA DE RESOLVER PROBLEMAS! 100

CÁLCULO MENTAL: CÓDIGO PARA MEDIDAS DE ABERTURA DE ÂNGULO 101

Termos do vocabulário matemático: vamos usar? 102

Situações de mudanças 104

Uma afirmação sobre quadriláteros: vamos descobrir? 105

CÁLCULO MENTAL: ASSINALE, RESPONDA OU COMPLETE 106

DEDUÇÕES LÓGICAS: VAMOS FAZER? 108

GABARITO 109

REFERÊNCIAS 112

DEDUÇÕES LÓGICAS
VAMOS FAZER?

1. Seu Olavo tem 5 filhos. Veja quem são eles, por ordem de nascimento.

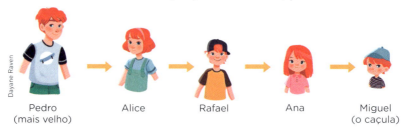

Pedro (mais velho) — Alice — Rafael — Ana — Miguel (o caçula)

Seu Olavo deixou uma quantia com Pedro e disse aos filhos:

"Vou entregar a quantia a Pedro. Cada um, inclusive Pedro, fica com a metade do que recebeu e passa a outra parte para o seguinte em ordem decrescente de idade".

Se Miguel recebeu R$ 40,00, qual foi a quantia que seu Olavo entregou a Pedro?

_____
_____
_____

2. Leia com atenção e assinale a alternativa correta. Depois, dê exemplos que mostram que as outras alternativas são falsas.

Em um pombal há 7 casinhas para abrigar pombos. Cada casinha pode abrigar mais de um pombo e existem 8 pombos querendo abrigo. Então, é certeza que:

a) ☐ todas as casinhas estarão ocupadas.

b) ☐ haverá ao menos uma casa vazia.

c) ☐ ao menos uma casa terá mais de um pombo.

d) ☐ haverá uma casa com três pombos.

e) ☐ um pombo ficará sem abrigo.

_____
_____
_____
_____

DESAFIO

1. Com palitos ou com canetas de mesmo tamanho, construa a figura a seguir.

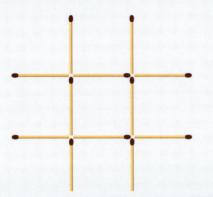

O desafio consiste em mudar a posição de 3 palitos (ou canetas) e, com isso, deixar a figura com 3 quadrados iguais e sem sobra de palitos (fora deles).

Desenhe abaixo a figura obtida.

2. Veja uma expressão numérica com o valor numérico 4, construída usando quatro vezes o número 8.

$$8 : \frac{8+8}{8} = 4 \quad \text{ou} \quad 8 : [(8+8) : 8] = 4$$

O desafio é colocar corretamente os símbolos $+$, $-$, $\cdot$ e $:$ nas expressões abaixo, construídas usando quatros vezes os números de 1 a 6 e sempre com o valor numérico 4.

a) 1 ☐ 1 ☐ 1 ☐ 1 = 4

b) 2 ☐ 2 ☐ 2 ☐ 2 = 4

c) $\sqrt{3}$ ☐ 3 ☐ 3 ☐ 3 = 4

d) (4 ☐ 4) · 4 ☐ 4 = 4

e) (5 · 5 ☐ 5) : 5 = 4

f) 6 ☐ (6 ☐ 6) : 6 = 4

NÚMEROS RACIONAIS E SUAS REPRESENTAÇÕES

1. Passe os números dados para as representações indicadas abaixo.

a) Para a forma de número decimal:

$\dfrac{7}{20}$ = _____ $\qquad$ $2\dfrac{1}{9}$ = _____

b) Para a forma de fração irredutível:

$0,363636...$ = _____ $\qquad$ $0,36$ = _____

c) Para a forma de fração irredutível:

$\dfrac{35}{8}$ = _____ $\qquad$ $1,2555...$ = _____

2. Pinte, em cada quadro, os quadradinhos que têm representações do mesmo número racional. Podem ser 2, 3 ou 4 quadradinhos.

$\dfrac{3}{8}$	$1\dfrac{1}{2}$
$\dfrac{8}{12}$	$0,666...$

$1\dfrac{1}{5}$	$1,2$
$\dfrac{6}{5}$	$\dfrac{24}{20}$

$0,3222...$	$\dfrac{32}{99}$
$\dfrac{32}{100}$	$\dfrac{29}{90}$

3. Compare e coloque os números nas formas indicadas.

a) $\dfrac{1}{2}$, $\dfrac{5}{6}$ e $\dfrac{3}{8}$

na ordem crescente: _____, _____ e _____

b) $1,7$, $1\dfrac{3}{4}$ e $1,6777...$

na ordem decrescente: _____, _____ e _____

c) $\dfrac{11}{15}$, $\dfrac{5}{6}$ e $\dfrac{7}{10}$

na ordem crescente: _____, _____ e _____

VALOR MÍNIMO E VALOR MÁXIMO EM RESULTADOS DE OPERAÇÕES

Escreva os resultados abaixo e, entre parênteses, a operação efetuada para descobrir qual é cada um deles.

a) A soma de um número natural de 2 algarismos com um número natural de 3 algarismos.

Valor mínimo: _____.   Valor máximo: _____.

b) O produto de um número natural par de 2 algarismos por um número natural ímpar de 3 algarismos.

Valor mínimo: _____.   Valor máximo: _____.

c) Atenção!

A diferença entre um número natural de 3 algarismos e um número natural par de 2 algarismos.

Valor mínimo: _____.   Valor máximo: _____.

d) O produto de um múltiplo de 8 de dois algarismos por um divisor de 60 de dois algarismos.

Valor mínimo: _____.   Valor máximo: _____.

e) Atenção!

O quociente de um divisor de 56 de dois algarismos por um número primo de um algarismo.

Valor mínimo: _____.   Valor máximo: _____.

IDENTIFICAÇÃO DE QUADRILÁTEROS

Analise os polígonos desenhados a seguir e indicados cada um por uma letra.

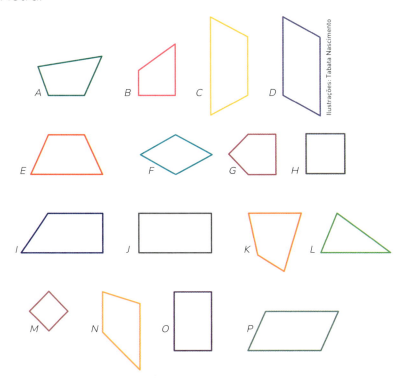

Agora, identifique os citados em cada item e escreva suas letras.

a) Não são quadriláteros: _____ e _____.

b) Quadriláteros que não são trapézios nem paralelogramos: _____ e _____.

c) Trapézios: _____, _____, _____, _____ e _____.

d) Paralelogramos: _____, _____, _____, _____, _____, _____ e _____.

e) Trapézios com dois ângulos retos: _____ e _____.

f) Trapézio isósceles (os lados não paralelos têm medidas iguais): _____ e _____.

g) Paralelogramos com os 4 ângulos retos (retângulos): _____, _____, _____ e _____.

h) Losangos: _____, _____ e _____.

i) Quadrados: _____ e _____.

j) Retângulos que não são quadrados: _____ e _____.

POTENCIAÇÃO: É HORA DE RECORDAR

EF08MA02

Veja inicialmente o nome dos termos e do resultado na operação de potenciação.

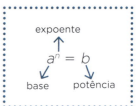

Agora, em cada item, analise os exemplos e efetue as demais potenciações.

a) Expoente: número natural

$$(0,2)^3 = (0,2) \cdot (0,2) \cdot (0,2) = 0,008$$

$$5^4 = \underbrace{5 \cdot 5 \cdot 5 \cdot 5}_{\text{4 fatores}} = 625$$

$$\left(-\frac{1}{3}\right)^2 = \left(-\frac{1}{3}\right) \cdot \left(-\frac{1}{3}\right) = +\frac{1}{9}$$

$$(-4,7)^0 = 1 \qquad 3^0 = 1$$

- $\left(\dfrac{2}{3}\right)^3 =$
- $10^4 =$
- $\left(2\dfrac{1}{5}\right)^0 =$

b) Expoente: número inteiro negativo

$$3^{-2} = \frac{1}{3^2} = \frac{1}{9}$$

$$\left(\frac{1}{2}\right)^{-3} = \frac{1}{\left(\frac{1}{2}\right)^3} = \frac{1}{\frac{1}{8}} = 8$$

$$0^{-4} = \frac{1}{0^4} \rightarrow \text{impossível}$$

- $(-2)^{-3} =$
- $(0,7)^{-1} =$
- $\left(1\dfrac{1}{4}\right)^{-2} =$

c) Expoente: número fracionário

$$8^{\frac{2}{3}} = \sqrt[3]{8^2} = \sqrt[3]{64} = 4$$

$$(-9)^{\frac{1}{2}} = \sqrt{-9} \rightarrow \text{impossível}$$

$$\left(\frac{1}{16}\right)^{\frac{1}{4}} = \sqrt[4]{\left(\frac{1}{16}\right)^1} = \sqrt[4]{\frac{1}{16}} = \frac{1}{2}$$

- $(49)^{\frac{1}{2}} =$
- $(-1)^{\frac{3}{5}} =$
- $(0,001)^{\frac{1}{3}} =$

MAIS POTENCIAÇÃO: VAMOS PRATICAR?

EF08MA02

1. Contorne as potenciações impossíveis de efetuar. Depois, copie e efetue as demais.

$$6^3 \qquad 4^{-2} \qquad (-16)^{\frac{1}{2}} \qquad 1000^{\frac{1}{3}}$$

$$0^{-3} \qquad (-10)^5 \qquad (-8)^{\frac{1}{3}} \qquad (0,7)^2$$

DESAFIO

DESAFIOS COM POTENCIAÇÃO

Calcule o resultado das potenciações a seguir.

a) $\left(2^5\right)^{-1} =$

b) $3^{-2} + 2^{-3} =$

c) $8^{\frac{1}{3}} - \left(1\frac{1}{2}\right)^{-1} =$

d) $10^{-1} \cdot (0,01)^{\frac{1}{2}} =$

e) $9^{-1} + 9^0 + 9^{\frac{1}{2}} + 9^2 =$

f) $\dfrac{2^{-1}}{1^{-2}} =$

As imagens desta página não estão representadas em proporção.

SEQUÊNCIAS COM MEDIDAS

1. Em cada item, verifique a regularidade com base nos termos conhecidos, responda à pergunta e, de acordo com ela, complete a sequência.

    a) Cada termo tem quanto a mais do que o anterior?

    Resposta: _____.

    1 h e 30 min, 2 h e 45 min, 4 h, _____ e

    _____

    Relógio.

    b) Cada termo tem quanto a menos do que o anterior?

    Resposta: _____.
    5 kg e 400 g, 5 kg, 4kg e 600 g

    _____ e _____

    c) Cada termo é o dobro, o triplo ou o quádruplo do anterior?

    Resposta: _____.

    R$ 0,20, R$ 0,60, R$ 1,80, _____ e

    _____

    Cédula de 5 reais e moeda de 1 real.

    d) Cada termo é 20%, 25% ou 40% do anterior?

    Resposta: _____.

    204,8 m, 51,2 m, 12,8 m, _____ e _____

2. Agora, construa uma sequência de 5 termos na qual o 1º termo seja 2 cm e 1 mm, o 2º termo 3 cm e 1 mm e, a partir do 3º, cada termo seja a soma dos dois anteriores.

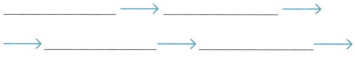 

Fita métrica.

16

REGULARIDADE
EM FAIXAS DECORATIVAS

1. Cada faixa decorativa deve ter três peças iguais. Analise a 1ª peça em cada uma e construa as outras duas.

a)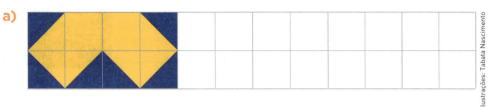

b)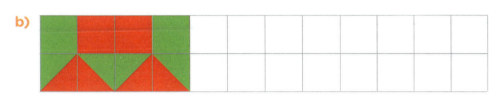

c)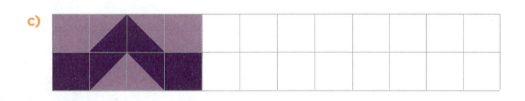

d)

2. Crie mais duas faixas decorativas **com 3 peças iguais**.

a)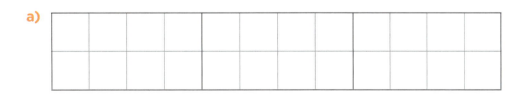

b)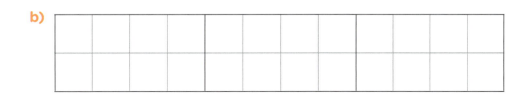

17

É HORA DE
RESOLVER PROBLEMA!

1. Um micro-ônibus fica lotado com 20 adultos ou com 24 crianças. Se 15 adultos estão nesse micro-ônibus, qual é o número máximo de crianças que podem entrar nele?

Ônibus.

_____

_____

_____

_____

2. Os ônibus da linha A de uma empresa partem do terminal de 30 em 30 minutos e os da linha B partem de 45 em 45 minutos. Considerando que às 12h saem do terminal os ônibus das duas linhas, indique, considerando o período das 12h às 18h:

a) os horários em que saem apenas ônibus da linha A;

_____

_____

b) os horários em que saem apenas ônibus da linha B;

_____

_____

c) Os horários em que saem, juntos, ônibus das linhas A e B.

_____

CORES FAVORITAS NOS 8ᵒˢ ANOS A E B

EF08MA23

Uma pesquisa foi feita com os estudantes dos 8ᵒˢ anos A e B de uma escola, com esta pergunta:

> Qual é sua cor favorita, entre verde, azul e rosa?

1. Complete tudo o que falta no registro das votações.

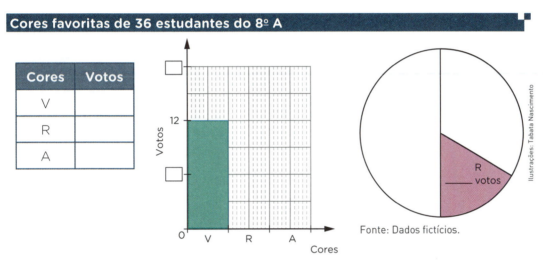

Cores favoritas de 36 estudantes do 8º A

Cores	Votos
V	
R	
A	

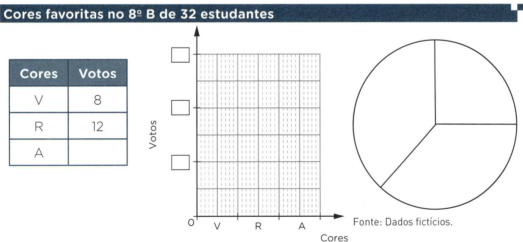

Cores favoritas no 8º B de 32 estudantes

Cores	Votos
V	8
R	12
A	

2. Agora, complete as frases de acordo com os resultados da pesquisa.

   a) No 8º ano _____, a cor _____ recebeu 50% do total dos votos.

   b) No 8º ano B, a cor verde recebeu _____% do total dos votos.

   c) Considerando os votos dados nas duas classes, a cor verde teve _____ votos, a cor rosa _____ votos e a cor azul _____ votos.

POTENCIAÇÃO E RADICIAÇÃO: CALCULAR E APLICAR

EF08MA02

1. Escreva todos os números dos quadradinhos da esquerda nas operações da direita para que todas fiquem corretas.

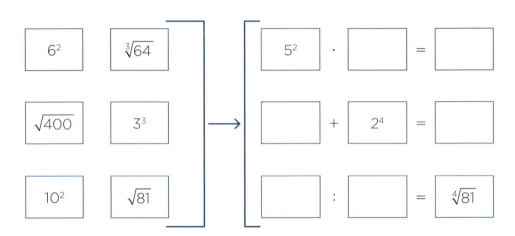

2. Ligue cada expressão à esquerda com a expressão do mesmo valor numérico à direita.

$5^2 - 4^2 - 2^1$ $\sqrt{4} + 5 \cdot 9$

$(5-4)^2 + 2^4$ $\sqrt{4 + 5 \cdot 9}$

$4^3 - 5^2 + 2^3$ $\sqrt{4} + 5 \cdot \sqrt{9}$

$5^1 + 4^2 - 2^1$ $\sqrt{4+5} \cdot 9$

$2^3 + 5 \cdot 4 - 2^0$ $4 + 5 \cdot \sqrt{9}$

COMPOSIÇÃO DE REGIÕES PLANAS COM QUADRILÁTEROS NOS CONTORNOS

EF08MA14

Use sempre duas destas peças triangulares para compor cada região plana. Em cada item, indique as letras das peças, desenhe a região plana e cubra seu contorno com caneta preta.

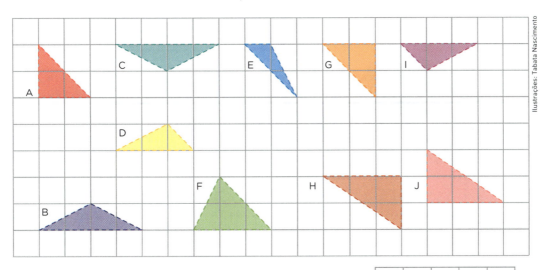

a) Região cujo contorno é um quadrado.

   Peças: _____ e _____. →

b) Região cujo contorno é um losango que não é quadrado.

   Peças: _____ e _____. →

c) Região cujo contorno é um retângulo que não é quadrado.

   Peças: _____ e _____. →

d) Região cujo contorno é um trapézio.

   Peças: _____ e _____. →

e) Região cujo contorno é um paralelogramo que não é losango e nem retângulo.

   Peças: _____ e _____. →

EF08MA01

UMA APLICAÇÃO DA POTENCIAÇÃO: NOTAÇÃO CIENTÍFICA

A notação científica é uma forma simplificada para escrever números com muitos algarismos. Por exemplo: 750 000 e 0,00000136.

Um número na notação científica deve ser escrito assim: $N \cdot 10^x$, sendo $N \geq 1$, $N < 10$ e x um expoente inteiro de 10.

Nos números dos exemplos acima, temos, na notação científica:

$750\,000 = 7{,}5 \cdot 10^5$ e $0{,}00000136 = 1{,}36 \cdot 10^{-6}$

Passe os números para a notação científica, ou vice-versa, em cada item abaixo.

a) $300\,000\,000 = $ _____

b) $0{,}0017 = $ _____

c) $2{,}44 \cdot 10^6 = $ _____

d) $1 \cdot 10^{-7} = $ _____

e) $830\,000 = $ _____

f) $0{,}00005 = $ _____

g) Em 2021, a estimativa da população mundial era de, aproximadamente, $7{,}8 \cdot 10^9$ habitantes, ou seja, de aproximadamente _____ habitantes ou _____ de habitantes.

h) A medida de massa de um átomo de hidrogênio é 0,00000000000000000000000017 g. Na notação científica, é _____.

i) A altura aproximada do Monte Everest é de 8 500 m. Na notação científica essa medida é _____.

j) A velocidade aproximada da luz no vácuo é de 300 000 000 m/s. Em notação científica é _____.

Monte Everest, Nepal, 2020.

TRANSFORMAÇÃO GEOMÉTRICA

EF08MA15

Considere as seguintes transformações geométrica feitas com base na figura ao lado.

- Translação.
- Reflexão em relação a um eixo (axial).
- Rotação de 90° no sentido horário em torno do ponto O.
- Rotação de 180° em torno do ponto C (reflexão central).

Analise cada figura, identifique a transformação citada acima e registre seu nome.

a)  _____

b)  _____

c) 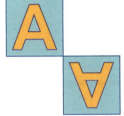 _____

d)  _____

Agora:
- trace o eixo de simetria e na figura com reflexão axial;
- marque o centro C na rotação de 180° (reflexão central);
- marque o centro O na rotação de 90°.

DESAFIOS COM BALANÇAS

Nos três itens, considere estas esferas e suas medidas de massa.

85 g   45 g   60 g   65 g   45 g

a) Indique a medida de massa total registrada em cada balança.

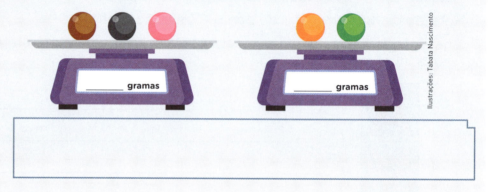

b) Troque a posição de duas esferas do item anterior para que a medida de massa total fique igual nas duas balanças e marque as medidas nelas.

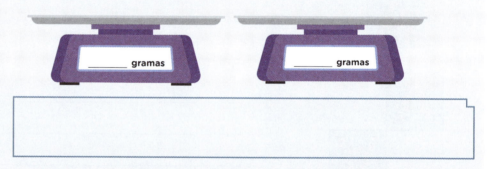

c) Coloque as 5 esferas nas duas balanças para que a medida da massa na esquerda seja 25% da medida da massa na direita.

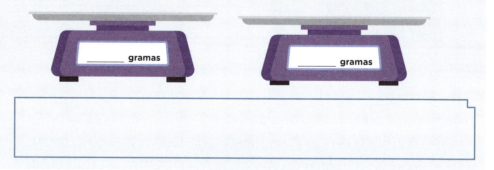

TERMO GERAL E SEQUÊNCIA CORRESPONDENTE

EF08MA06

Em uma expressão algébrica com variável n, quando fornecemos os valores 0, 1, 2, 3, ... nessa ordem, obtemos uma sequência de números. Nesse caso, dizemos que a expressão algébrica é o termo geral da sequência.

Veja um exemplo:

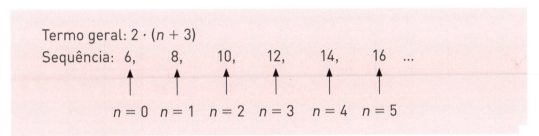

1. Dado o termo geral, determine os 5 primeiros termos da sequência.

   Termo geral **Sequência**

   a) $2n + 1$ ⟶ _____

   b) $\dfrac{3n}{4}$ ⟶ _____

   c) n^2 ⟶ _____

2. Agora, faça o caminho contrário: escreva cada um dos termos gerais dados, na sequência correspondente.

   $n^2 + n$ $2n$ n^3

   Sequência   **Termo geral**

   a) 0, 1, 8, 27, 64, ...   _____

   b) 0, 2, 4, 6, 38,...   _____

   c) 0, 2, 6, 12, 20, ...   _____

25

EF08MA06

QUADRADOS MÁGICOS

Você se lembra?

> Nos quadrados mágicos, a soma dos números em todas as linhas, em todas as colunas e nas duas diagonais deve ser a mesma (soma mágica).

1. Complete os quadrados mágicos de acordo com as informações.

   a) Quadrado mágico com os números naturais de 1 a 9.

		4
	9	

   b) Quadrado mágico com soma mágica 63.

		22
25		17

   Soma mágica: _____.

2. Agora, faça um quadrado mágico com expressões algébricas. Observe, descubra a soma mágica e depois complete com as expressões que faltam.

$a + b$		
$a - b + c$	a	$a + b - c$

   Soma mágica: _____.

 DESAFIO

VALOR NUMÉRICO

Dê os valores $a = 10$, $b = 5$ e $c = 4$ para as variáveis, indique qual será a soma algébrica e registre no quadrado mágico para conferir.

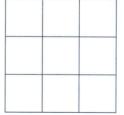

Soma algébrica: _____.

PAINÉIS IGUAIS EM POSIÇÕES DIFERENTES

1. Observe os painéis abaixo. Entre eles há três que são iguais, mas estão em posições diferentes. Quais são eles?

   _____

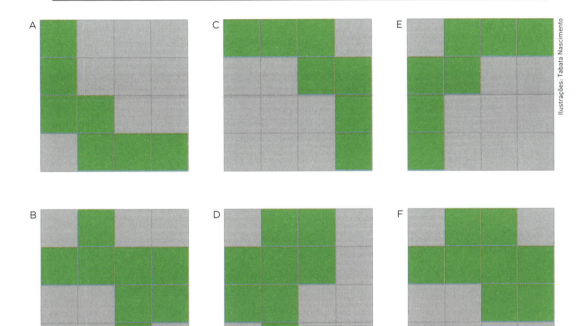

2. Dos três restantes, quais outros dois nas mesmas condições?

   _____

3. Agora, copie o painel acima que não foi citado na atividade **1**, na mesma posição em que ele está. Depois, complete o Painel G da direita para que fique igual, em posição diferente.

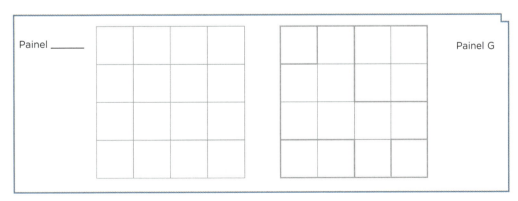

27

REPRESENTAÇÃO EM GRÁFICOS E INTERPRETAÇÃO

Em um congresso sobre Medicina participaram médicos das cinco regiões do Brasil: 3 da Região Norte **N**, 6 da Região Sul **S**, 9 da Região Nordeste **NE**, 6 da Região Centro-Oeste **CO** e 12 da Região Sudeste **SE**.

a) Assinale o gráfico de setores que mostra corretamente a distribuição dos participantes. Nele, pinte cada setor com a cor correspondente, coloque a sigla da região e o número de participantes.

Participantes do congresso por regiões do Brasil

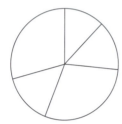
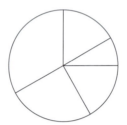

b) Complete o gráfico de barras equivalente ao gráfico de setores assinalado.

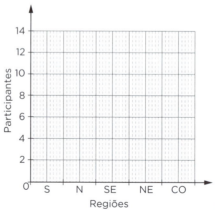

Fonte: Dados fictícios.

c) Complete as duas conclusões tiradas dos valores e dos gráficos.

- O número de participantes da Região Nordeste representa _____% do número de representantes da Região Sudeste.

- O número de participantes da Região _____ representa 25% do número total de participantes do congresso.

MEDIDA DE ÁREA EM TERRENOS

EF08MA19

1. As figuras a seguir mostram vários terrenos vistos de cima. Analise as formas e as dimensões, calcule as medidas de área e registre.

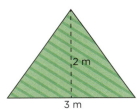 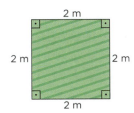 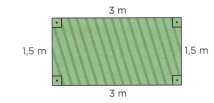

A = _____   A = _____   A = _____

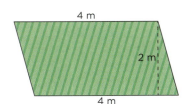 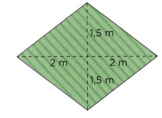 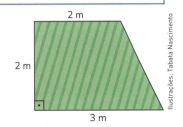

A = _____   A = _____   A = _____

2. Considere os canteiros da atividade **1**. Nos itens **a** e **b**, calcule e registre a medida de área dos canteiros construídos. Em **c**, desenhe um canteiro com a medida de área indicada.

a)    b) 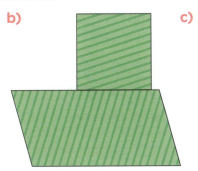   c)

A = _____   A = _____   A = 7 m²

29

POSSIBILIDADES

FICHAS DE UM JOGO

Mauro e Paula disputaram um jogo que tem todas as fichas possíveis com as características a seguir.

- Formato quadrado ou circular
- Cor amarela, cinza ou marrom
- Letra *X* ou *Y*

Em cada rodada do jogo, o participante retira uma ficha e fica com ela.

1. Responda: Qual é o número total de fichas nesse jogo?

   _____

   _____

2. Descreva as fichas retiradas na 1ª rodada do jogo.

   - Mauro ⓨ : formato _____, cor _____ e letra _____.

   - Paula ⊠ : formato _____, cor _____ e letra _____.

3. Desenhe as fichas retiradas na 2ª rodada.

   - Mauro: formato quadrado, cor cinza e letra *Y*. _____

   - Paula: formato circular, cor cinza e letra *X*. _____

4. Desenhe as fichas retiradas na 3ª rodada.
   - Mauro: ficha quadrada que não é cinza e tem a letra *X*.

     _____

   - Paula: ficha amarela, que não é quadrada e não tem a letra *Y*.

     _____

5. Desenhe as fichas que não foram retiradas nas três primeiras rodadas.

BISSETRIZ DE UM ÂNGULO

EF08MA17

1. Siga as instruções para construir a bissetriz de BÂC.

Abra o compasso com qualquer abertura, centro em A, e determine D na semirreta AB e E na semirreta AC.

Com a mesma abertura, trace um arco centrado em D e outro centrado em E. Marque F no cruzamento dos arcos.

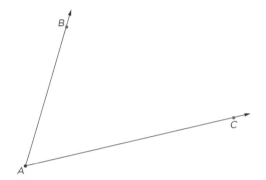

Trace a semirreta AF. Ela é a bissetriz do ângulo BÂC.

Observe a figura e responda: O que acontece com as medidas de abertura de BÂF e CÂF?

_____

2. Construa a bissetriz $\overrightarrow{OS}$ do ângulo XÔY e construa a bissetriz $\overrightarrow{MR}$ do ângulo AM̂B a seguir.

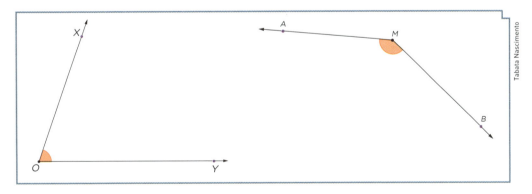

Agora, use o transferidor, meça e registre as medidas.

- m(XÔY) = _____
- m(AM̂B) = _____
- m(XÔS) = _____

- m(AM̂R) = _____
- m(YÔS) = _____
- m(BM̂R) = _____

31

EF08MA17

MEDIATRIZ DE UM SEGMENTO DE RETA

1. Siga as instruções para construir a mediatriz de $\overline{AB}$.

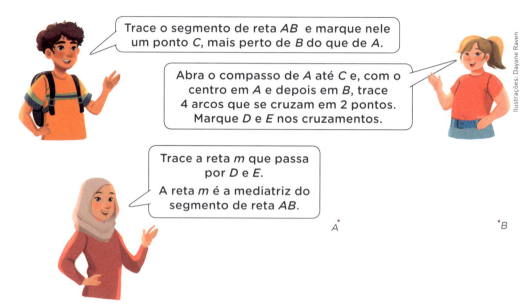

Trace o segmento de reta AB e marque nele um ponto C, mais perto de B do que de A.

Abra o compasso de A até C e, com o centro em A e depois em B, trace 4 arcos que se cruzam em 2 pontos. Marque D e E nos cruzamentos.

Trace a reta m que passa por D e E.
A reta m é a mediatriz do segmento de reta AB.

Observe a figura e responda às questões a seguir.

- Se F é um ponto qualquer de m, o que acontece com as medidas de comprimento de $\overline{AF}$ e $\overline{BF}$?

  _____

- Em que ponto de $\overline{AB}$ passa a mediatriz de $\overline{AB}$?

  _____

- Como são os 4 ângulos formados no cruzamento da mediatriz de $\overline{AB}$ com $\overline{AB}$?

  _____

2. Faça o que se pede nos itens a seguir.

   a) Construa a mediatriz m do segmento XY.

   b) Trace o segmento de reta RS e determine seu ponto médio M.

IGUAIS OU DIFERENTES?

EF08MA01 e EF08MA02

Em cada item, calcule o valor do que aparece em cada quadro. Depois, coloque = ou ≠ entre os dois quadros.

a) $4\frac{1}{2}$ _____ $4^{\frac{1}{2}}$

b) $(-2)^4$ _____ 4^{-2}

c) $1{,}7 \cdot 10^{-2}$ _____ $\dfrac{17}{1\,000}$

d) 6^{-1} _____ $0{,}666\ldots$

e) $2\frac{3}{4}$ _____ $\left(\dfrac{4}{11}\right)^{-1}$

f) $\sqrt[6]{4^3}$ _____ $8^{\frac{2}{3}}$

g) $1{,}1 \cdot 10^3$ _____ $(1\,210\,000)^{\frac{1}{2}}$

h) $\left(\dfrac{4}{9}\right)^{\frac{1}{2}}$ _____ $\left(1\frac{1}{2}\right)^{-1}$

EF08MA04

RESOLVER PROBLEMA!

Grande semana de promoções!

Nos quadros abaixo temos o anúncio de venda de um mesmo tipo de aparelho de TV nas lojas **A**, **B** e **C**. Calcule e complete cada quadro com o que falta.

Aparelho de TV.

Loja A
DE R$ 2.350,00
DESCONTO DE 8%
POR R$ _____

Loja B
POR R$ _____
DESCONTO DE 5%
POR R$ 2.185,00

Loja C
DE R$ 2.500,00
DESCONTO DE _____
POR R$ 2.250,00

Cálculos

Agora, complete de acordo com os valores encontrados.

a) A maior porcentagem de desconto foi na Loja _____ (_____%).

b) O menor preço antes da promoção era da Loja _____ (R$ _____).

c) O menor preço durante a promoção foi da Loja _____ (R$ _____).

34

EQUAÇÕES, SISTEMAS, GRÁFICOS E SOLUÇÕES

EF08MA07

Observe com atenção estas equações do 1º grau.

$y = x + 1$ → $y = -x + 1$ → $y = x - 1$ → $y = -x - 1$

Identifique o gráfico correspondente a cada uma e registre a equação mostrada acima e a equação na forma $ax + by = c$.

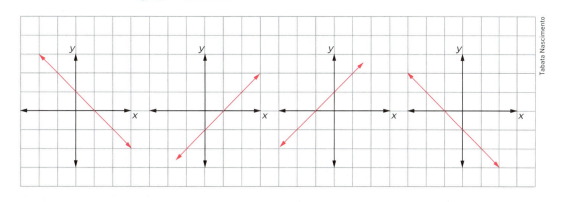

_____   _____   _____   _____
      ou   ou   ou   ou
_____   _____   _____   _____

Agora, considere essas equações para completar as frases.

a) O par (1, −2) é solução da equação:

_____ ou _____

b) A equação $x - y = 1$ tem, entre suas soluções, os pares seguintes:

(−1, −___); (___, 1); (0, −___) e (___, 0).

c) O par ordenado (___, ___) é solução do sistema $\begin{cases} x - y = 1 \\ x + y = 1 \end{cases}$.

d) O par (0, −1) é solução do sistema $\begin{cases} \underline{\qquad} \\ \underline{\qquad} \end{cases}$.

AS DIFERENTES VISTAS DE UM MESMO DADO

No dado de Rafael, as faces opostas têm cores iguais. Além disso, como em todos os dados, a soma dos pontos de duas faces opostas é 7.

Veja uma das vistas do dado de Rafael a seguir.

1. Nas figuras a seguir, há seis vistas diferentes do dado de Rafael. Descubra quais são e pinte suas faces com as cores corretas.

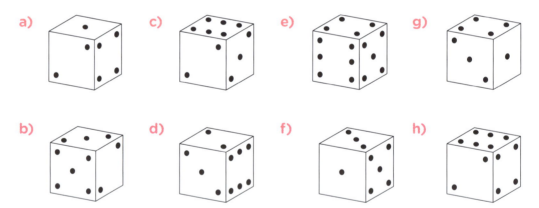

2. Nesta atividade, assinale com X apenas as vistas que podem ser do dado de Rafael.

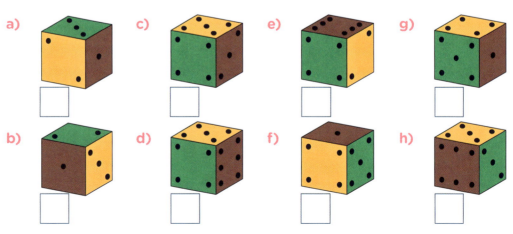

36

PAINÉIS COM USO DO COMPASSO

1. Faça a **reprodução** do painel dado a seguir.

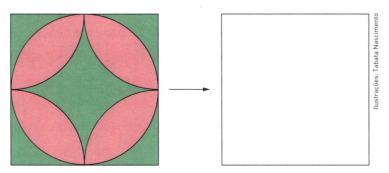

2. Realize uma **redução** do painel a seguir.

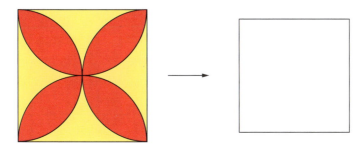

3. **Amplie** o painel apresentado a seguir.

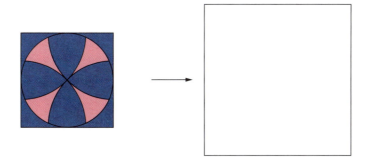

4. **Crie** um painel utilizando um compasso.

EF08MA22

POSSIBILIDADES

PROBABILIDADES INDICADAS COM FRAÇÕES IRREDUTÍVEIS OU COM PORCENTAGENS

1. Complete as probabilidades que faltam.

   a) Sorteando uma letra de uma palavra, a probabilidade de sair consoante é de 60%, então, a de sair vogal é de _____.

   b) Girando o ponteiro da roleta a seguir, se a probabilidade de cair no amarelo é $\frac{1}{4}$ e a de cair no verde é $\frac{1}{3}$, então, a probabilidade de cair no vermelho é _____.

2. Imagine que vai ser sorteado um número entre esses que aparecem nas fichas ao lado.

18	**0**	**39**	**3**
45	**9**	**1**	**81**

Tabata Nascimento

a) Indique, com frações irredutíveis, as probabilidades de:

- sair um número par.

- sair um múltiplo de 9.

- sair um número maior do que 10.

b) Agora, indique com porcentagens a probabilidade de:

- sair um número menor do que 40.

- sair um divisor de 6.

- sair um número primo.

39

É HORA DE
GIRAR PEÇAS!

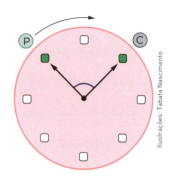

A figura mostra um giro da peça verde de 90° no sentido horário.

P indica o ponto de partida
C indica o ponto de chegada
➝ indica o sentido do giro (horário ou anti-horário)

Em cada item abaixo, indique a medida do ângulo e o sentido do giro ou complete a figura com o giro descrito.

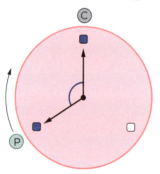

_____ no sentido _____

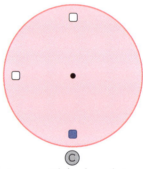

90° no sentido horário

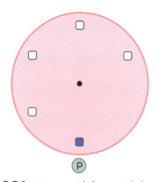

60° no sentido anti-horário

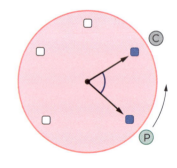

_____ no sentido _____

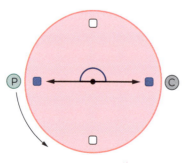

_____ no sentido _____

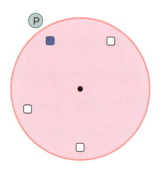

144° no sentido horário

40

É HORA DE RESOLVER PROBLEMAS!

EF08MA03

1. Em uma cômoda há 6 gavetas.
   Em cada gaveta há 5 pastas.
   Em cada pasta há 3 cadernos.
   Quantos cadernos há nessa cômoda?

Cômoda.

2. Um restaurante oferece opções de prato principal, suco e sobremesa para montar uma refeição.
   Observe o cardápio ao lado e responda quantas possibilidades o cliente terá escolhendo uma opção de cada item.

CARDÁPIO

Prato principal:
risoto ou macarronada

Suco:
laranja, uva ou abacaxi

Sobremesa:
sorvete ou pudim

41

3. Em um prédio, há 1 *hall* de entrada para o andar térreo, 2 elevadores para ir aos andares superiores, 5 andares acima do térreo e 4 apartamentos em cada andar. De quantas maneiras diferentes uma pessoa pode entrar no prédio, subir de elevador, ir direto a um dos andares e, nele, ir a um dos apartamentos?

Prédios residenciais.

4. Augusto vai escrever um número natural de 3 algarismos. Nos algarismos das centenas, ele pode colocar 2 ou 7; no das dezenas, 3 ou 9; e, nos das unidades, 0 ou 7.

   a) Quantos números diferentes ele poderá formar?

   b) Quais são esses números?

CÍRCULO: MEDIDA DO PERÍMETRO (P) E MEDIDA DA ÁREA (A)

EF08MA19

A **medida do perímetro de um círculo** (comprimento da circunferência) é obtida efetuando $P = 2 \cdot \pi \cdot r$.

Já a **medida da área de um círculo** é obtida efetuando $A = \pi \cdot r^2$.

Nos dois casos, r é a medida de comprimento do raio e π (pi) é um número irracional: $\pi = 3,14159\ldots$
Nos cálculos, usamos para π valores racionais aproximados como estes: **3; 3,1; 3,14; 3,1416**.

1. Registre no quadro abaixo as medidas de perímetro (em cm) e de área do círculo ao lado. Na medida aproximada, use $\pi = 3,14$.

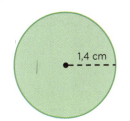

1,4 cm

	Medida exata	Medida aproximada
Perímetro	P = _____	P = _____
Área	A = _____	A = _____

2. Um terreno circular com raio de 3 m será cercado com estacas verticais e coberto com grama, como mostra a figura ao lado. A distância de cada estaca para a seguinte é de 0,6 m. Para cobrir o terreno serão compradas placas de grama com área de 0,9 m².

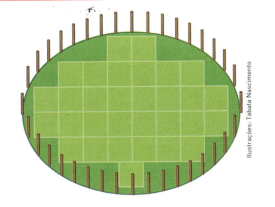

Use $\pi = 3,1$, calcule e complete:

Serão necessárias, no mínimo, _____ estacas e _____ placas de grama.

(EF08MA17)

APLICAÇÕES DA MEDIATRIZ DE UM SEGMENTO DE RETA E DA BISSETRIZ DE UM ÂNGULO

Construção da circunferência que passa pelos três vértices de um triângulo

1. Faça o que se pede nos passos a seguir para realizar a construção pedida.

   a) Trace o △ABC.

   b) Trace as mediatrizes de $\overline{AB}$, $\overline{AC}$ e de $\overline{AD}$.

   c) Qualquer que seja o triângulo, as mediatrizes vão se cruzar no mesmo ponto, chamado circuncentro do triângulo. Marque O nesse ponto.

   d) O circuncentro é o centro da circunferência que passa por A, B e C. Trace a circunferência para conferir.

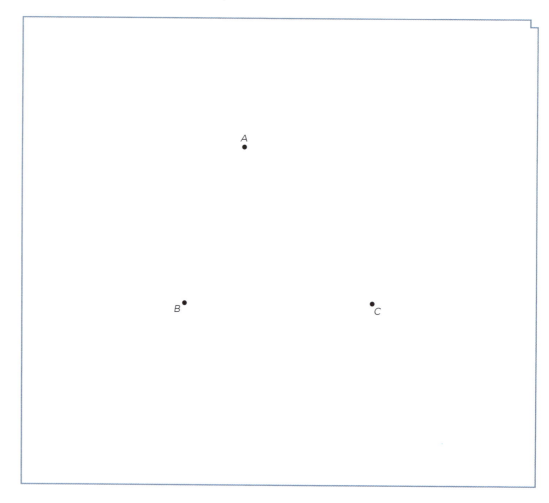

44

Construção de ângulos de 90°, de 45° e de 135°

2. Agora, siga os passos para construir ângulos de diferentes valores.

a) Trace uma reta e marque dois pontos R e S sobre ela.

b) Trace a mediatriz de $\overline{RS}$, marque sobre ela um ponto P fora de $\overline{RS}$ e M no ponto médio de $\overline{RS}$.

c) Trace a bissetriz de $P\widehat{M}S$ e marque o ponto Q sobre ela.

d) Indique a medida de abertura de cada ângulo indicado:

$M(P\widehat{M}R) = $ _____. $M(P\widehat{M}Q) = $ _____. $M(Q\widehat{M}S) = $ _____.

$M(P\widehat{M}S) = $ _____. $M(R\widehat{M}Q) = $ _____.

3. Pratique a construção de ângulos de 90°, 45° e 135° em uma folha de papel sulfite. Varie a posição dos ângulos.

É HORA DE
ELABORAR PROBLEMAS!

Em cada problema, escreva o enunciado, a resolução e a resposta, de acordo com as condições citadas.

1. Problema cuja resolução é feita efetuando uma adição e uma divisão exata com números naturais.

Enunciado:

_____
_____
_____
_____

Resolução:

Resposta:

_____
_____
_____

2. Problema cuja resolução é feita calculando $\dfrac{2}{5}$ de 200 e, depois, subtraindo o valor obtido de 100.

Enunciado:

_____

_____

_____

_____

_____

Resolução:

Resposta:

_____

3. Problema cuja resolução é feita calculando 25% e 20% de uma mesma quantia e, depois, somando os valores obtidos.

Enunciado:

_____

_____

_____

_____

_____

Resolução:

Resposta:

_____

47

ESTATÍSTICAS EM MEDIDAS

Veja, no quadro a seguir, as medidas de **altura**, em metros, e de **massa**, em quilogramas, em um grupo de 8 estudantes.

	Rui	Ana	Pedro	Beto	Mara	Carla	Nino	Vera
Medida de altura (em m)	1,48	1,47	1,52	1,50	1,45	1,50	1,49	1,43
Medida de massa (em kg)	40,0	39,5	43,5	45,0	38,2	43,3	45,5	39,2

Fonte: Dados fictícios.

1. Indique quais são os estudantes em cada caso a seguir.

    a) Os que têm mais de 1,49 m de altura: _____.

    b) Os que têm menos de 40 kg de massa: _____.

    c) Os que têm menos de 1,50 m de altura e mais de 39,0 kg de massa: _____.

    d) Os que têm mais de 1,47 m de altura e menos de 44 kg de massa: _____.

2. Calcule e registre (usando uma calculadora) as **médias** a seguir.

    a) **A média das medidas de altura** do grupo:

    b) **A média das medidas de massa** ("peso") do grupo:

3. Calcule e indique as seguintes **probabilidades**:

    a) Sorteando um componente do grupo, qual é a **probabilidade** de ser um que tenha altura de 1,50 m?

    b) Sorteando um componente do grupo, qual é **probabilidade** de ser um que tenha menos de 1,50 m de altura e mais de 39,0 kg de "peso"?

CÁLCULO MENTAL

CADA NÚMERO EM SEU LUGAR

Para completar todos os itens a seguir, use apenas os números indicados nos quadrinhos coloridos. Cada número deve ser usado apenas uma vez.

7    $4\frac{1}{2}$ −1

3   1   4

−5   2   8

$\frac{2}{5}$ 6   −2

a) Para $x = 3$, o valor numérico de $2x^2 - x - 11$ é _____.

b) Para $y =$ _____, o valor numérico de $\dfrac{2y + 25}{2}$ é 5.

c) Para $m = \dfrac{1}{3}$, a expressão _____ $m - 1$ tem o valor numérico 0.

d) A raiz da equação $2(x - 3) = 3$ é o número _____.

e) O número _____ é uma das raízes da equação $100x^2 = 16$.

f) A equação $3x + 8 = 2x +$ _____ tem o número −1 como raiz.

g) A solução do sistema $\begin{cases} 3x - y = 4 \\ 2x + y = 1 \end{cases}$ tem $x =$ _____ e $y =$ _____.

h) A solução do sistema $\begin{cases} \underline{\quad} x + y = 10 \\ x - y = \underline{\quad} \end{cases}$ tem $x =$ _____ e $y =$ _____.

EF08MA04

PORCENTAGENS EM ACRÉSCIMOS E DECRÉSCIMOS

Leia com atenção:

Um produto que custava *x* teve seu preço aumentado em 30%.

30% de *x* correspondem a 0,30*x* ou 0,3*x*. Logo, o novo preço do produto é 1*x* + 0,3*x*, ou seja, 1,3*x*.

Outro produto que também custava *x*, está sendo vendido com 30% de desconto.

Como 100% − 30% = 70%, então o produto está sendo vendido por 70% de *x*, ou seja, por 0,70*x* ou 0,7*x*.

1. Calcule e complete ou responda ao que se pede em cada situação descrita abaixo.

   a) Por quanto está sendo vendido o fogão na promoção mostrada no cartaz? _____

   100% − 10% = _____ % ou _____ (em decimal)

   _____ · _____ = _____

   De R$ 600,00 com desconto de 10%!

   b) Uma cidade cuja população era de 42 000 habitantes teve um aumento de 5% no último Censo. Agora, a população dessa cidade é de _____ habitantes.

   5% em decimal é _____ ;

   1 + _____ = _____   _____ · _____ = _____

   c) Se o preço de um objeto que é *x* for aumentado em 10% e, depois, for dado ao novo preço um desconto de 10%, o preço passará a ser o mesmo, maior ou menor do que o preço *x* inicial?

   _____

   _____

   • E no caso de ser dado primeiro o desconto e depois o aumento, a resposta será a mesma?

   _____

   _____

GRÁFICO DE SEGMENTOS: INTERPRETAÇÃO

EF08MA23

O gráfico de segmentos ao lado mostra a variação da medida de temperatura em uma cidade ao longo das 24 horas de um dia.

Analise-o com atenção e, com base nessa análise, complete as frases ou responda às questões formuladas.

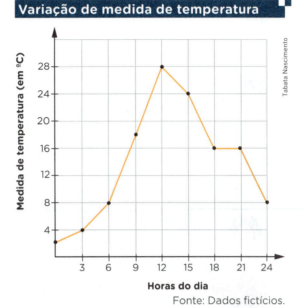

Fonte: Dados fictícios.

a) Às 9h, a medida de temperatura registrada era de _____.

b) Antes do meio-dia, em que hora a medida de temperatura era de 8° C? _____

c) Qual foi a medida de temperatura máxima registrada no dia? _____

Em que momento do dia? _____

d) Das 15h às 18h a medida da temperatura subiu ou baixou? Quantos graus?

_____

e) A medida de temperatura média das 21h às 24h foi de _____.

_____

f) O que aconteceu com a medida da temperatura no período das 18h às 21h?

_____

g) Qual medida de temperatura foi mais alta: a das 9h ou a das 18h?

_____

h) Qual é a diferença entre as medidas das temperaturas máxima e mínima registradas no dia?

_____

ÂNGULOS DE 30°, 60°, 120° E 15°: VAMOS CONSTRUIR?

(EF08MA15)

1. Siga as instruções a seguir.

Ligue os pontos A e B obtendo $\overline{AB}$ e abra o compasso de A até B.

Centre o compasso com essa abertura em A, e depois em B, e trace dois arcos até que cruzem em C.

Ligue A com C e B com C, obtendo o △ABC.

△ABC é um triângulo equilátero, logo $C\hat{A}B$, $C\hat{B}A$ e $A\hat{C}B$ medem 60° cada um (60° + 60° + 60° = 180°).

Prolongue $\overline{AB}$ de modo a obter a semirreta $\overrightarrow{BA}$ e marque um ponto D nela, fora de $\overline{AB}$.

• A   • B

Responda: Qual é a medida de abertura do $C\hat{A}D$?

_____

2. Paulo construiu em ângulo $P\hat{Q}R$ de 60°, de acordo com as instruções da atividade **1**. Veja ao lado. Agora, trace a bissetriz de $P\hat{Q}R$, marque um ponto S sobre ela e complete: $m(P\hat{Q}S) = $ _____ e $m(R\hat{Q}S) = $ _____.

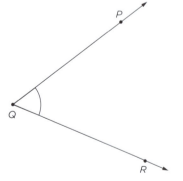

3. Responda: Como você faria para construir um ângulo de 15°?

_____

4. Utilize uma folha de sufite para construir ângulos de 60°, 120°, 30° e 15° em variadas posições.

DESAFIOS

1º DESAFIO

No quadro a seguir, pinte algumas regiões planas, que estão em branco, conforme as orientações.

- Pinte de verde as duas regiões quadradas de mesmo tamanho.
- Pinte de laranja as duas regiões circulares de mesmo tamanho.
- Pinte de amarelo as duas regiões triangulares de mesma forma e tamanho.
- Pinte de marrom as duas regiões de mesma forma e tamanho ainda não citadas.

2º DESAFIO

Identifique e registre as letras dos três pares de figuras iguais.

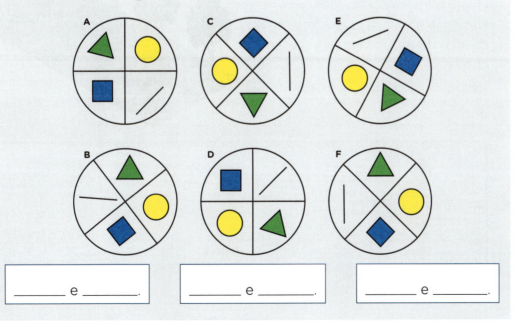

_____ e _____.   _____ e _____.   _____ e _____.

SISTEMAS DE EQUAÇÕES E APLICAÇÃO

(EF08MA08)

1. Observe os pares ordenados e o sistema de equações formado pelas equações (I) e (II).

   (7, −3)   (−1, 3)

   (4, −1)   (5, 2)

   $\begin{cases} 3x - y = 13 \text{ (I)} \\ 2x + 3y = 5 \text{ (II)} \end{cases}$

   a) Verifique e indique, entre os pares acima:
   - o que satisfaz (I), mas não satisfaz (II) → _____;
   - o que satisfaz (II) mas não satisfaz (I) → _____;
   - o que satisfaz (I) e (II), ou seja, é solução do sistema → _____.

   b) Qual dos pares acima não foi citado no item **a**? _____

   c) Complete os números que faltam para que o par ordenado do item **b** seja solução deste sistema: $\begin{cases} 2x + 3y = \boxed{} \\ 3x + 4y = \boxed{} \end{cases}$

2. Um terreno retangular tem a medida de perímetro igual a 20 m. Dobrando a medida do seu comprimento e reduzindo em 1 metro a medida de sua largura, a medida do perímetro aumenta em 10 m. Calcule a medida da área do terreno inicial e do terreno após a mudança.

   Resposta:
   _____

Tabata Nascimento

EQUAÇÃO DO TIPO $ax^2 = b$, COM $a \neq 0$: VAMOS EXPLORAR?

EF08MA09

Em $ax^2 = b$ com $a \neq 0$, temos $x^2 = \dfrac{b}{a}$ e daí, $x = \pm\sqrt{\dfrac{b}{a}}$.

Por exemplo:

se $5x^2 = 45$, temos $x^2 = \dfrac{45}{9} = 9$ e daí, $x = \pm\sqrt{9} = \pm 3$.

Calcule o valor de x em cada item, se existir.

a) Se $2x^2 = 128$, então $x = $ _____.

b) Se $x > 0$ e $3x^2 - 300 = 0$, então $x = $ _____.

c) Se $3y - 2 = 6 - y$ e $x^2 + 5y = 35$, então $x = $ _____.

d) Se $3 - x^2 = 7$, então $x = $ _____.

e) Se $(x - 1) \cdot (x + 3) = 2x - 3$, então $x = $ _____.

f) Se $x < 0$ e $\dfrac{3x}{32} = \dfrac{27}{2x}$, então $x = $ _____.

Cálculos

55

EXISTE OU NÃO EXISTE? VAMOS DESCOBRIR?

1. Em cada item, descubra e escreva se existe ou não o número citado. Quando existir, registre qual é.

   a) Número racional que é resultado de $(-8)^{\frac{1}{3}}$.

   b) Número racional que é resultado de $(-25)^{\frac{1}{2}}$.

   c) Número racional que é geratriz de 0,460777...

   d) Número racional que, multiplicado por, 0 dá − 6.

   e) Número racional que é resultado de $\left(3\frac{1}{2}\right)^{-1}$.

f) Número racional que é resultado de 0^{-2}.

g) Número racional que, somado com 3,81, dá 1,5.

h) Número racional que é a média aritmética simples de $1\frac{2}{3}$, $\frac{1}{6}$ e 0,5.

i) Número racional que é a raiz da equação $x^2 + 100 = 0$.

j) Número racional que é raiz da equação $x^2 - 19 = 17$ e também é raiz da equação $\frac{x}{3} + 1 = 5 + x$.

MAIS CÁLCULOS COM MEDIDA DE ÁREA

EF08MA19

1. As figuras a seguir mostram quatro praças de uma cidade. Observe as formas e as medidas, considere 4 pessoas por metro quadrado, calcule e responda ao que se pede. Nos cálculos, quando necessário, use $\pi = 3$.

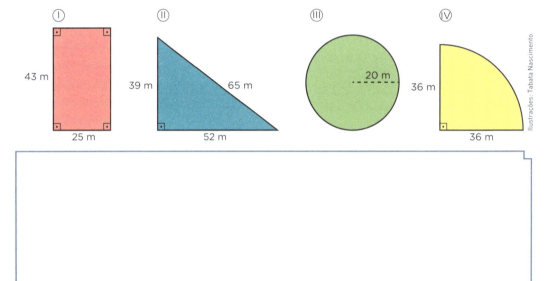

a) Em qual delas cabem mais pessoas?
___

b) Quantas pessoas?
___

2. A parte pintada de verde na figura ao lado é conhecida por "coroa circular". Veja como indicar a medida da área determinada pela circunferência maior:

$A_1 = \pi \cdot (2,5)^2 = (6,25\pi)$ cm²

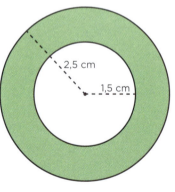

a) Indique a medida exata da área determinada pela circunferência menor.
___

b) Indique a medida exata da área da coroa circular.
___

c) Indique a medida aproximada da área da coroa circular para $\pi = 3,14$.
___

POSSIBILIDADES

1. Pedro, Ana, Carlos e Bia vão se sentar em volta de uma mesa de tampo quadrado, cada um em um lado.
   - Pedro deve ficar de frente para Bia.
   - Pedro deve ficar à direita de Carlos.

   Coloque as iniciais de cada um na figura a seguir e, depois, desenhe as demais figuras para indicar todas as possibilidades de atender às indicações descritas.

   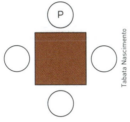

2. Observe as fichas a seguir. Escreva todos os pares de números naturais que podem ser escritos nos quadradinhos com (?) para que a média aritmética dos quatros números seja 5.

   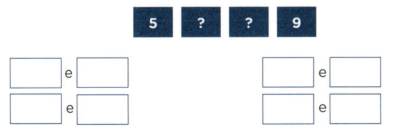

   Justifique sua resposta para um dos casos.

DOMINÓ MATEMÁTICO

Veja as peças desse jogo de dominó.

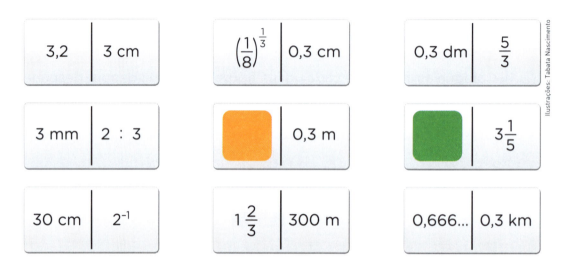

Agora, começando a partir da peça com a parte laranja, coloque essas 9 peças na disposição a seguir, de modo que os valores vizinhos sejam iguais.

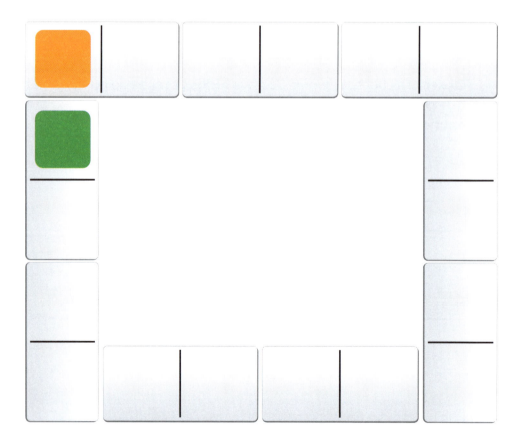

DEDUÇÕES LÓGICAS
VAMOS FAZER?

Analise os polígonos seguintes e perceba a diferença entre os dois tipos de polígonos.

Polígonos convexos   **Polígonos não convexos**

Agora, em cada item, faça a dedução correta e registre.

a) Se um polígono convexo tem 5 lados, então ele tem _____ vértices, _____ ângulos internos e é chamado de _____.

b) Na figura ao lado, se $B\hat{A}C$ mede 76° e $A\hat{B}C$ mede 42°, então $A\hat{C}B$ mede _____, $E\hat{B}F$ mede _____ e $A\hat{C}D$ mede _____.

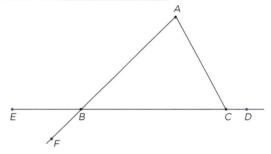

c) Se um polígono convexo tem n lados, então a expressão $\dfrac{n \cdot (n-3)}{2}$ indica o número de _____ do polígono.

Por exemplo: um polígono convexo de 4 lados tem _____.

d) Se um polígono convexo tem n lados, então a soma das medidas de seus ângulos internos é dada pela fórmula $S_i =$ _____.
Por exemplo: em um polígono convexo de 4 lados, a soma das medidas dos ângulos internos é

_____

e) Se um retângulo $ABCD$ tem $\overline{AB}$ de 8,5 cm e $\overline{BC}$ de 4,2 cm, então seu perímetro mede _____ e sua área mede _____.

61

DESAFIO

1. Use essas peças coloridas para compor a região retangular com o contorno indicado.

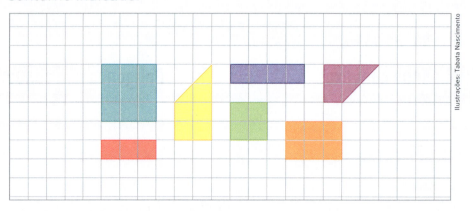

Região retangular:

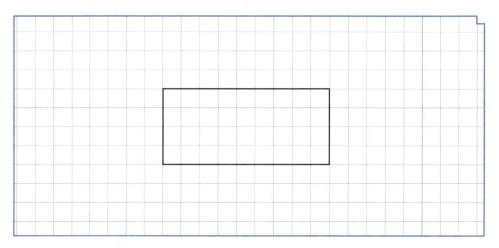

2. Agora, o desafio é usar as mesmas peças para compor a região quadrada com o contorno a seguir.

Região quadrada:

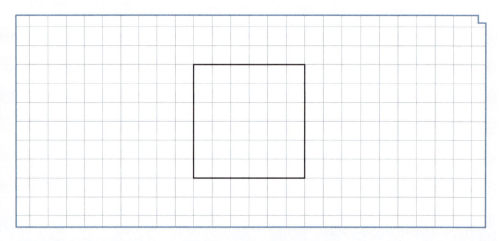

GRANDEZAS DIRETAMENTE OU INVERSAMENTE PROPORCIONAIS

EF08MA12

1. Analise a afirmação de João e pinte o quadro correspondente a ela, que relaciona os valores de *x* e *y*.

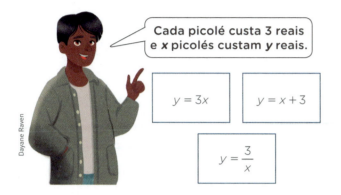

Cada picolé custa 3 reais e *x* picolés custam *y* reais.

$y = 3x$ $y = x + 3$ $y = \dfrac{3}{x}$

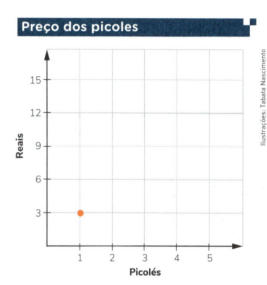

Agora, marque no gráfico os pontos que relacionam os valores 1, 2, 3, 4 e 5 com os valores correspondentes de *y*. Para $x = 1$ já está feito.

2. Agora, analise a afirmação de Ana e faça o que foi feito na atividade **1**.

Trabalhando 1 hora por dia, João pinta um muro em 6 dias. Trabalhando *x* horas por dia, ele pinta o muro em *y* dias.

$y = 6x$ $y = \dfrac{6}{x}$ $y = \dfrac{x}{6}$

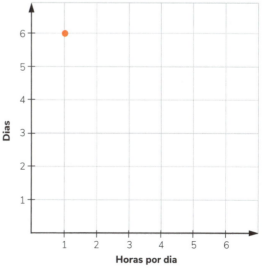

Complete: Na atividade **1**, as grandezas são _____ proporcionais e na atividade **2**, _____ proporcionais.

63

[EF08MA09]

É HORA DE RESOLVER E ELABORAR PROBLEMAS!

1. Com base no problema dado, escreva a equação correspondente, resolva-a e dê a resposta do problema.

   a) Qual é o número natural cujo triplo do quadrado é 147?

   b) A soma de 5 com a metade do quadrado de um número é 23. Qual é o número?

2. Agora, com base na equação dada, elabore um problema de acordo com ela. Depois, resolva a equação e escreva a resposta do problema.

   a) Equação: $x^2 + 37 = 181$

   Problema:

   b) Equação: $67 - 2x^2 = 17$, com $x > 0$

   Problema:

DESAFIO

Analise o esquema montando abaixo, escreva todas as equações decorrentes dele e, com base nelas, determine os valores solicitados.

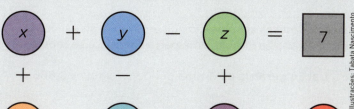

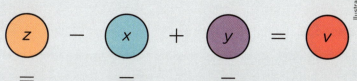

a) $x =$ _____ . $y =$ _____ . $z =$ _____ . $v =$ _____ .

$w =$ _____ .

b) $x + y + z + w + v =$ _____ .

c) $2x - 3z + \dfrac{w}{2} =$ _____ .

d) $v \cdot (3x - w) =$ _____ .

e) $x^{-1} + w^{-2} =$ _____ .

CÁLCULOS

(EF08MA05)

GERATRIZ DE DÍZIMA PERIÓDICA SIMPLES: COMO DESCOBRIR?

> **Dízimas periódicas simples** são números racionais escritos na forma decimal, nos quais, logo após a vírgula, uma parte (período) se repete infinitamente.
>
> $\frac{2}{3}$ é a **fração geratriz** da dízima periódica simples 0,666... .
>
> Veja por quê: $\frac{2}{3} = 2 : 3 = 0,666...$

Observe como, a partir de 0,666... podemos chegar a $\frac{2}{3}$.

período
0,6̲66... = $\frac{6}{9}$ ⟶ $\frac{6}{9} = \frac{2}{3}$ ← geratriz de 0,666...
período tem 1 algarismo — número de 1 algarismo 9

período
0,3̲5̲ 3535... = $\frac{35}{99}$
período tem 2 algarismos — número de 2 algarismos 9

Verificação:
$\boxed{\frac{35}{99}} = 35 : 99 = 0,353535...$
← geratriz de 0,353535...

Podemos representar as dízimas periódicas da seguinte maneira:
$0,777... = 0,\overline{7}$
$0,8686... = 0,\overline{86}$
A barra sobre os números representa os algarismos que se repetem na dízima. Como seria a representação das dízimas dos exemplos ao lado?

Complete mais estes exemplos:

- 0,888 = ☐

- 2,111... = ☐ ou ☐

- 0,434343... = ☐

- 0,613613613... = ☐

- $0,\overline{3}$ = _____

- $1,\overline{41}$ = _____

- $0,\overline{061}$ = _____

66

GERATRIZ DE DÍZIMA PERIÓDICA COMPOSTA: COMO DESCOBRIR?

EF08MA05

> **Dízimas periódicas compostas** são números racionais escritos na forma decimal, nos quais, após a vírgula, vem uma parte não periódica para, em seguida, vir a parte periódica (período) que se repete infinitamente. Observe o exemplo:
>
> 0,12555... é uma dízima periódica composta de parte não periódica 12 e parte periódica 5.

Analise a determinação da geratriz de 0,12555...

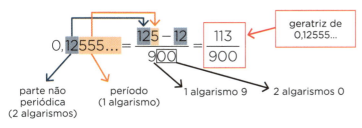

Verificação:

$$\frac{113}{900} = 113 : 900 = 0,12555\ldots$$

Também podemos representar dízimas periódicas compostas com o sinal de barra. Por exemplo:

$0,142727\ldots = 0,14\overline{27}$

Como seria a representação com barra da dízima do exemplo?

Outros exemplos:

- $0,3474747\ldots \dfrac{347 - 3}{990} = \dfrac{344}{990}$

- $0,8111\ldots = \dfrac{81 - 8}{90} = \dfrac{73}{90}$

Complete mais estes exemplos:

- 0,84777... =

- 0,2888... =

- 1,4333... =

- 0,17020202... =

- 0,5414141... =

- 0,30040404... =

67

EF08MA21

MEDIDA DE VOLUME (V) DOS PRISMAS E DOS CILINDROS RETOS

Os prismas e os cilindros têm uma característica em comum: todos têm duas regiões planas paralelas e congruentes (cada uma chamada de base) e uma dimensão chamada de altura.

Veja os exemplos:

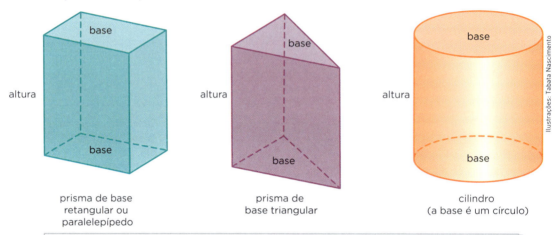

prisma de base retangular ou paralelepípedo

prisma de base triangular

cilindro (a base é um círculo)

Em todos esses sólidos geométricos, a medida de volume (V), na unidade u^3, pode ser calculada pela fórmula a seguir:

$$V = B \cdot h$$

em que B indica a medida da área da base, na unidade u^2, e h indica a medida da altura na unidade u.

Calcule a medida do volume nos casos seguintes e complete.

a) Reservatório em forma de paralelepípedo com as medidas indicadas na figura ao lado.

V = _____

b) Prisma de base triangular com altura de 7 cm e cuja base tem a forma e as medidas da figura ao lado.

V = _____

c) Cilindro com altura de 5 dm e base com raio de 4 dm (use $\pi = 3{,}1$).

V = _____

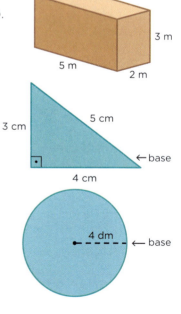

RELAÇÃO ENTRE MEDIDAS DE VOLUME E MEDIDAS DE CAPACIDADE

EF08MA20

Um recipiente com volume de 1 dm³ tem medida de capacidade de 1 litro.

Como 1 m³ = 1000 dm³, então um recipiente com volume de 1 m³ tem a capacidade de 1000 L.

Complete as correspondências:

1 dm³ ⇔ _____ L

1 m³ ⇔ _____ L

Complete ou responda às correspondências a seguir.

a) Em um reservatório com forma de paralelepípedo com as dimensões da figura ao lado cabem _____ L de água.

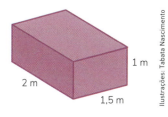

b) Para construir um reservatório com a forma de cubo e cuja capacidade máxima seja de 64 litros, cada aresta deve ter _____ cm ou _____ m.

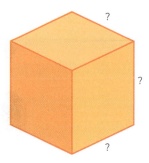

c) Em qual das vasilhas cilíndricas ao lado cabe mais água? Quantos litros a mais que na outra, aproximadamente? (Use $\pi = 3$.)

_____

_____

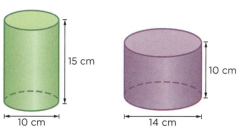

⇒

69

CÁLCULO MENTAL

CAÇA AOS NÚMEROS NATURAIS DE 3 ALGARISMOS

Descubra e registre o número natural correspondente em cada item com base nas informações dadas sobre seus três algarismos (1º, 2º e 3º).

a)
- O 3º indica o maior número primo de 1 algarismo.
- O 1º indica o sucessor do número indicado pelo 3º.
- O 2º indica o sucessor do número indicado pelo 1º.

b)
- O 2º indica o menor divisor de 28.
- O 3º indica o menor múltiplo de 28.
- O 1º indica 60% do número formado pelo 2º e pelo 3º, nessa ordem.

c)
- O 1º indica o número de faces de um cubo.
- O 3º indica o número de vértices de um cubo.
- O 2º é igual ao 1º.

d)
- O 2º indica o resultado de $(0{,}1666\ldots)^{-1}$.
- O 1º indica o resultado de $9^{0,5}$.
- O 3º indica o valor de x para o qual não existe o resultado de x^{-1}.

Agora, para conferir, coloque no diagrama de números ao lado os quatro números registrados.

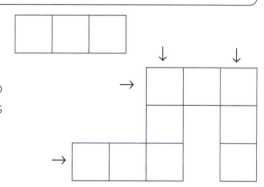

CÁLCULO MENTAL

VARIAÇÃO DE VALORES EM GRANDEZAS PROPORCIONAIS

EF08MA13

1. Em cada item, escreva se as grandezas são diretamente proporcionais, inversamente proporcionais ou se não são proporcionais. No caso de serem proporcionais, complete as situações com os números que faltam. No caso de não serem proporcionais, coloque (?) no traço.

a) Número de cadernos iguais e preço a pagar por eles:

_____.

Se 2 cadernos iguais custam R$ 11,00, então 6 cadernos custam _____.

b) Idade de uma pessoa e sua altura:

_____.

Se com 6 anos de idade uma pessoa tem 1,50 m de altura, com 12 anos de idade ela terá _____ m de altura.

c) Velocidade média e tempo para percorrer uma distância:

_____.

Se um carro percorre uma determinada distância em 4 horas a uma velocidade média de 50km/h, então ele percorrerá essa mesma distância a uma velocidade de 100km/h em _____ horas.

2. Agora, observe as situações. Complete com números ou com (?).

a) Se em 2 jogos de um campeonato, um time marcou 5 gols, em 6 jogos ele vai marcar _____ gols.

b) Se um pedaço de barbante pode ser dividido em 8 partes de 6 cm cada uma, então esse mesmo pedaço pode ser dividido em _____ partes de 12 cm cada uma.

c) Se para encher uma vasilha com capacidade para 6 litros são necessários 9 copos de água, então, para encher uma vasilha com capacidade para 10 litros, são necessários _____ copos do mesmo tipo.

OS GIROS DAS ESTRELAS

1. Analise a figura inicial e a figura obtida após o giro. Complete com a medida do ângulo, considerando o giro em torno do ponto O no sentido horário: ângulo de _____.

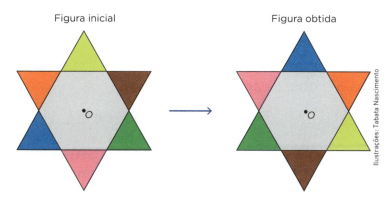

Figura inicial   Figura obtida

2. Aqui, considere o giro em torno de O no sentido anti-horário. Escreva a medida do ângulo e pinte o restante da figura obtida.

    Ângulo de _____.

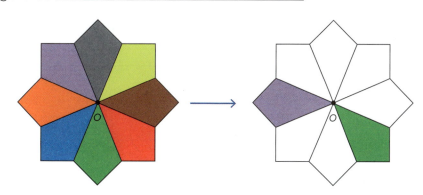

3. Agora, considere o giro em torno de O, no sentido horário, que leva o ponto A ao ponto A'. Escreva a medida do ângulo e pinte toda a figura obtida.

    Ângulo de _____.

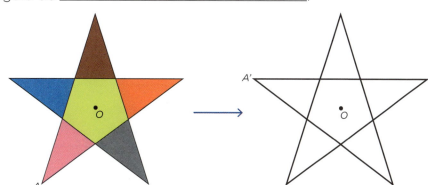

73

(EF08MA08)

UM PROBLEMA E MAIS DE UMA RESOLUÇÃO

1.
> **Problema**: a quantia de R$ 192,00 vai ser repartida entre Miguel e Paulo, de modo que Miguel receba o triplo de Paulo.
>
> Quanto vai receber cada um?

a) Resolva o problema **sem usar equação**.

_____ : _____ = _____ → quantia de _____

_____ · _____ = _____ → quantia de _____

b) Resolva, agora, usando **uma equação com uma incógnita**.

Quantia de _____: x.

Quantia de _____: _____.

Equação: _____.

c) Resolva novamente usando **um sistema de 2 algarismos com 2 incógnitas**.

Resposta: _____.

2. Resolva mais este problema. A resolução você escolhe.

> A quantia de R$ 83,00 vai ser repartida entre 3 pessoas. Veja a seguir.
>
> Ana vai receber R$ 5,00 a mais do que Pedro, e Raquel vai receber o dobro de Ana.
>
> Quanto cada um vai receber?

Resposta: Ana R$ _____, Pedro R$ _____, Raquel R$ _____.

74

CÁLCULO MENTAL

EF08MA25

ESTATÍSTICA DE UM CAMPEONATO DE FUTEBOL

Considere um campeonato de futebol no qual participam os times **A**, **B**, **C** e **D**. Veja os resultados das partidas:

1. Em cada vitória, um time ganha 3 pontos; em cada empate, ganha 1 ponto; e, em cada derrota, não ganha ponto.

   Calcule e registre o número total de pontos obtidos por cada time.

   A _____   **C** _____

   B _____   **D** _____

2. Indique a classificação final do campeonato, de acordo com o número de pontos obtido pelos times.

   1º (campeão): _____   3º: _____

   2º: _____   4º: _____

3. Analise os resultados das partidas e complete as lacunas.

   a) A média de gols marcados pelo time **C** foi de _____ gols por partida.

   b) O time **A** marcou _____ gols e sofreu _____. Seu saldo de gols (marcados − sofridos) foi _____, pois _____ − _____ = _____.

   c) O saldo de gols do time **B** foi _____, pois _____ − _____ = _____.

   d) A média de gols marcados no campeonato todo foi de _____ gols por partida.

POSSIBILIDADES

LEVANTAMENTO DE PROBABILIDADE

Em uma classe de 8º ano foram formados seis grupos com 4 ou 5 estudantes para participar de uma gincana.

Veja os grupos, cada um indicado com uma cor.

José, Pedro, Inês, Rafael e Mauro	Laura, Sérgio, Carlos e Edson	Eva, Alice, Aldo, Rui e André
Marcos, Alfredo, Roberto, Amanda e Paula	Paulo, Raul, Mário, Celso e Renato	Eduardo, Ana, Ester e Irene

Para a escolha do representante de cada grupo serão feitos sorteios. Complete cada item com a probabilidade em forma de porcentagem ou com a cor do grupo citado.

a) Cair um estudante cujo nome começa com consoante.

- No grupo marrom, a probabilidade será de _____.

- No grupo cinza, a probabilidade será de _____.

- No grupo rosa, a probabilidade será de _____.

76

- No grupo laranja, a probabilidade será de _____.

- No grupo azul, a probabilidade será de _____.

b) Cair um estudante cujo nome começa pela letra E.

- A probabilidade será de 20% no grupo de cor _____.

- A probabilidade será de 25% no grupo de cor _____.

- A probabilidade será de 50% no grupo de cor _____.

EF08MA12

CÁLCULO MENTAL

ENVOLVENDO GRANDEZAS PROPORCIONAIS

Em cada situação, descubra mentalmente e complete com os valores que faltam. Depois, indique se as grandezas envolvidas são diretamente ou inversamente proporcionais.

a) Um ciclista, em certo espaço de tempo:
- com velocidade média de 15 km/h percorre 12 km.
- com velocidade média de 30 km/h percorre _____ km.
- percorre 8 km com velocidade média de _____ km/h.
- **velocidade** e **distância** são grandezas _____.

Ciclista.

b) Um motorista, em seu carro, percorre uma certa distância:
- com velocidade média de 80 km/h em 3 horas.
- com velocidade média de 40 km/h em _____ horas.
- com velocidade média de 120 km/h em _____ horas.
- **velocidade** e **tempo** são grandezas _____.

Motorista dirigindo em estrada.

c) Uma maratonista, mantendo certa velocidade média;
- percorre 800 m em 6 minutos.
- percorre 2 400 m em _____ minutos.
- em 9 minutos percorre _____ m.
- em 1 hora percorre _____ km.
- **distância** e **tempo** são grandezas _____.

Maratonista se aproximando da chegada.

DAS TRÊS ALTERNATIVAS, PINTE A CORRETA

Em cada item, pinte o quadrinho com a alternativa correspondente ao quadro já pintado.

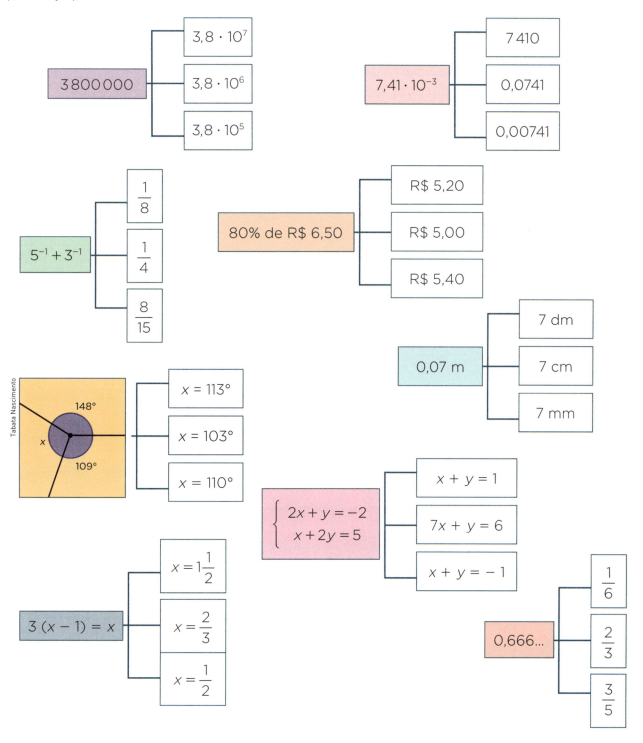

EF08MA18

É HORA DE
RETOMAR TRANSFORMAÇÕES GEOMÉTRICAS

1. Desenhe a figura obtida fazendo a transformação geométrica citada a partir da figura dada (de ABCD para A'B'C'D').

   a) Uma translação na direção e sentido indicado pela seta.

   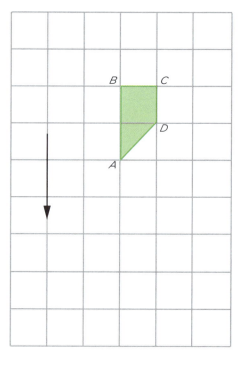

   b) Rotação de 270° no sentido horário em torno do ponto O.

   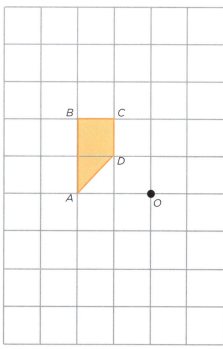

2. Trace no sistema de eixo a seguir:
- △ABC com A(−3, 2), B(−2, 3), C(−1, 1)
- △A'B'C' com A' (3, 2), B'(2, 3), C'(1, 1)
- △A"B"C" com A"(3, −2), B"(2,− 3), C"(1, −1)
- △A'''B'''C''' com A'''(−1, −2), B'''(−2, −3), C'''(−3, −1)

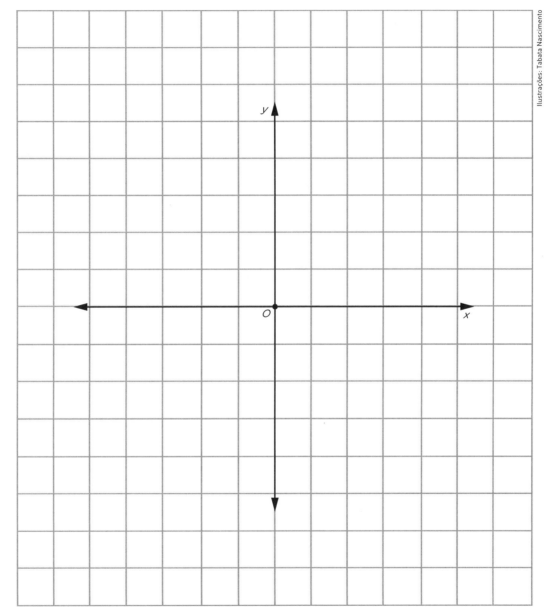

Agora, complete de acordo com os triângulos obtidos.
- São simétricos em relação ao eixo x: _____ e _____.
- São simétricos em relação ao eixo y: _____ e _____.
- Um é obtido do outro por uma translação: _____ e _____.
- São simétricos em relação ao ponto O: _____ e _____.

DIAGRAMA DE NÚMEROS E CAÇA-NÚMEROS

1. Complete com os números que faltam, colocando um algarismo em cada quadradinho. Depois, confira preenchendo o diagrama de números com todos os números registrados.

   a) $3{,}2 \cdot 10^3 = $ ☐☐☐☐

   b) $65^2 = $ ☐☐☐☐

   c) $0{,}252525\ldots = \dfrac{\square}{\square}$

   d) A raiz de $3(x - 20) = 570$, é o número ☐☐☐.

   e) $\sqrt[3]{\boxed{6}\boxed{8}\boxed{5}\boxed{9}} = 19$

   f) 15% de 600 = ☐☐

   g) ☐☐ % de 40 = 26

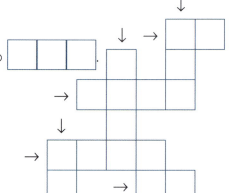

2. Complete os números e localize a linha do quadro que contém todos eles. Pinte os quadrinhos nessa linha com as cores correspondentes.

   a) 20% de ☐☐☐ = 70

   b) $(225)^{\frac{1}{2}} = $ ☐☐

   c) $\left(\dfrac{29}{319}\right)^{-1} = $ ☐☐

   d) Se $x + y = 118$ e $x - y = 68$, então: $x = $ ☐☐ e $y = $ ☐☐.

9	3	1	5	3	5	0	5	2	1	1
1	1	2	5	9	3	3	0	5	1	5
3	5	0	2	5	1	1	3	9	5	1
2	5	1	1	3	5	0	9	3	1	5

82

É HORA DE
PRATICAR OPERAÇÕES COM NÚMEROS RACIONAIS

1. Represente, efetue e coloque o resultado.

   a) A soma de 1012 com 693.

   b) O produto de (−3,5) e (+0,7).

   c) O quociente de $\frac{3}{5}$ por $1\frac{1}{2}$.

   d) A diferença entre $\frac{3}{4}$ e $\frac{2}{3}$.

e) 0,444 ... elevado ao quadrado.

f) A raiz quadrada de 0,444...

2. Efetue e forneça o resultado na forma decimal.

a) $0,7222... : \dfrac{1}{2} =$

b) $\left(-1\dfrac{3}{4}\right) - (+0,8) =$

c) $\left(\dfrac{1}{5}\right)^{-1} \cdot (0,222...)^{-2} =$

3. Efetue e forneça o resultado na forma de fração irredutível.

a) $1\dfrac{1}{11} + 0,191919... =$

b) $(0,09)^{\frac{1}{2}} \cdot 1\dfrac{1}{2} =$

c) $(-1,8) : (-4) =$

84

É MAIOR DO QUE, É MENOR DO QUE OU É IGUAL A

Em cada item, compare os valores do que é citado nos dois quadros e, de acordo com eles, complete com "é menor do que", "é maior do que" ou "é igual a".

a)

| Resultado de $16^{\frac{1}{4}} + 3^{-1}$ | _____ | Resultado de $\left(1\dfrac{1}{3}\right)^{-2} + 4^{\frac{1}{2}}$ |

b)

| Valor de 55% de 240 | _____ | Valor de 66% de 200 |

c) Para $x = -3$:

| Valor numérico da expressão $1 + 2x$ | _____ | Valor numérico da expressão $1 - x$ |

85

d)

Valor numérico de
$x^2 - 2x + 2$,
para $x = \dfrac{1}{3}$

Valor numérico de
$x^3 + 2x^2$,
para $x = -1$

e)

Raiz da equação
$3 \cdot (2 - x) = x - 14$

Raiz positiva
da equação
$2 \cdot \left(x^2 - 9\right) = x^2 + 7$

f) Sorteando um ângulo de um triângulo.

A probabilidade de
sair um ângulo
agudo

A probabilidade de sair um
ângulo reto

É HORA DE
ELABORAR E RESOLVER PROBLEMAS!

(EF08MA08)

Em cada atividade, elabore um problema nas condições a seguir.

- Proponha o cálculo dos valores citados.
- Que seja resolvido com o sistema de equações indicado.

Depois, resolva o problema e escreva a resposta.

1. **Cálculo** do preço de uma bermuda e de uma camiseta.

    Sistema: $\begin{cases} x + y = 69 \\ x = 2y \end{cases}$

    Enunciado: _____

    _____

    _____

    _____

    Resolução:

    Resposta: _____.

87

2. **Cálculo** da medida do comprimento e da medida da largura de um terreno retangular.

Sistema: $\begin{cases} 2x + 2y = 34 \\ x - y = 4 \end{cases}$

Enunciado: _____

Resolução:

Resposta: _____

NÃO EXISTE OU EXISTE SÓ UM OU EXISTEM DOIS

Em cada item, escreva se o número não existe, existe só um ou existem dois. No caso de existir só um número, cite qual é. No caso de existirem dois números, cite quais são.

a)

Número racional para x em $3x^2 + 12 = 0$.

_____

b)

Número racional para y em $5y^2 = 45$.

_____

c)

Número natural para m em $9m^2 - 1 = 0$.

_____

d) Número natural para r em $7r^2 - 175 = 0$.

e) Número inteiro para z em $4z^2 = 64$.

f) Número racional para n em $2(n^2 - 11) = 12$.

INTERPRETAÇÃO DE GRÁFICOS

EF08MA23

Os gráficos a seguir, um de barras e outro de setores, mostram como foi a venda de livros em uma semana, de segunda-feira a sábado, em duas livrarias.

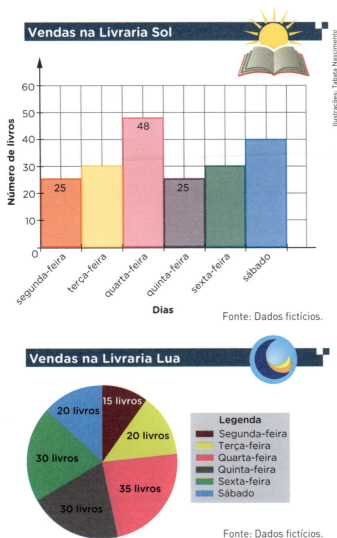

Fonte: Dados fictícios.

Agora, analise os gráficos e complete as conclusões.

a) Na Livraria Sol, foram vendidos _____ livros na semana e a média diária de vendas foi de _____ livros por dia.

b) Na Livraria Lua foram _____ livros vendidos e média de _____ livros por dia.

c) Na Livraria Lua, o dia em que foram vendidos 10% do total da semana foi a _____.

d) Na Livraria Sol, o número de livros vendidos na sexta–feira corresponde a _____ do número de livros vendidos no sábado.

e) O dia da semana em que o número de livros vendidos foi o mesmo nas duas livrarias foi a _____, com _____ livros em cada uma.

FAIXAS DECORATIVAS COM SIMETRIAS

EF08MA18

Em cada faixa, analise a peça inicial e, a partir da segunda, construa a peça usando a simetria citada.

a) Simetria de reflexão em relação às linhas r_1, r_2, r_3 e r_4 (reflexão axial).

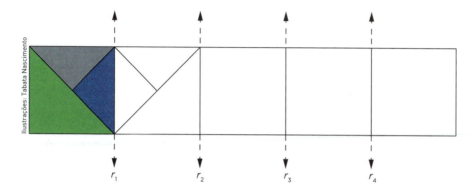

b) Simetria de translação.

c) Simetria de rotação de 90°, no sentido horário, em torno dos pontos O_1, O_2, O_3 e O_4.

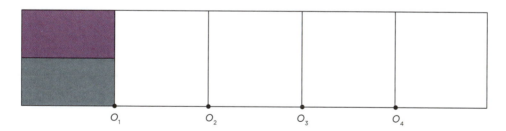

d) Simetria de reflexão em relação aos pontos O_1, O_2, O_3 e O_4 (reflexão central), ou seja, simetria de rotação de 180° em torno de O_1, O_2, O_3 e O_4.

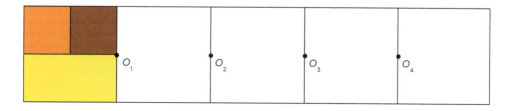

O INTRUSO: LOCALIZAR E ASSINALAR

Em cada item, localize e assinale com **X** o quadro intruso, de acordo com o indicado.

a) Quadro com porcentagem cujo valor não é 120.

b) Quadro com soma que não é igual a 1 metro (1 m).

c) Quadro com a figura que não tem $x = 30°$.

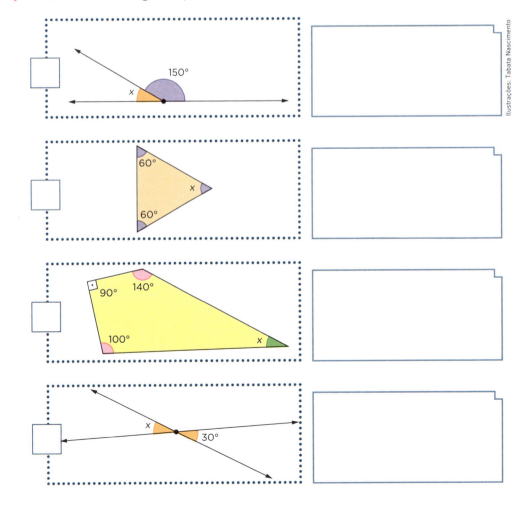

d) Quadro com operação que não tem resultado menor que 1.

☐ $\left(\dfrac{1}{2}\right)^3$ ☐ $(-8)^{\frac{1}{3}}$

☐ $(-4)^2$ ☐ $\left(1\dfrac{2}{3}\right)^{-1}$

e) Quadro com expressão algébrica que, para $x = -3$, não tem valor numérico 12.

☐ $x^2 - x$ ☐ $\dfrac{9x + 3}{2}$

☐ $4 \cdot (x + 6)$ ☐ $\dfrac{x^2}{3} - 3x$

f) Quadro com equação que não tem $\dfrac{1}{4}$ como raiz.

☐ $48x^2 = 3$ ☐ $\dfrac{x}{4} = 1$

☐ $5x + 6 = x + 7$ ☐ $12x - 3 = 0$

g) Quadro com sistema de equações que não têm valores inteiros para x e para y.

☐ $\begin{cases} x + y = 3 \\ x - y = 5 \end{cases}$ ☐ $\begin{cases} 3x - y = 2 \\ 2x - 3y = 6 \end{cases}$

☐ $\begin{cases} y = 3x \\ x + y = 6 \end{cases}$ ☐ $\begin{cases} y = 3x \\ x + y = 8 \end{cases}$

CONSTRUÇÃO DE DIAGRAMAS

1. Escreva o nome do termo indicado em cada operação. Depois, coloque as letras das duas palavras no diagrama.

   Atenção: cada letra só pode aparecer uma vez no diagrama.

   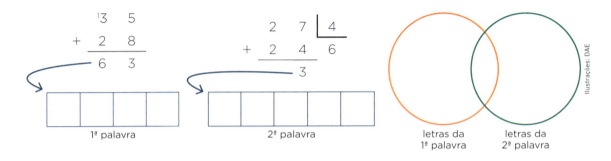

2. Escreva as sequências e depois coloque seus números no diagrama.

   A: sequência dos múltiplos de 4 menores do que 30.
   B: sequência dos múltiplos de 6 menores do que 30.

   A: _____.

   B: _____.

   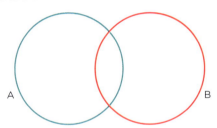

3. Agora, com os divisores de 12, 18 e 20.

   D(12): _____.   D(20): _____.

   D(18): _____.

É HORA DE
RESOLVER PROBLEMAS!

EF08MA04

Em uma loja de eletrodomésticos, duas geladeiras de marcas diferentes (A e B) estavam sendo vendidas em janeiro pelo mesmo preço.

A marca A teve seu preço aumentado em 5% em fevereiro e foi aumentado novamente em 5% em março.

A marca B teve seu preço aumentado em março em 10%.

Calcule e responda ao que se pede.

a) Após os aumentos de março, as duas geladeiras voltaram a ter o mesmo preço? _____

Em caso negativo, qual passou a custar mais? Justifique.

b) Se em janeiro as duas geladeiras custavam R$ 4.000,00, quanto passaram a custar após os aumentos de março?

c) Se em abril a geladeira de marca B tiver uma redução de 10% em seu preço, quanto ela passará a custar? _____

97

CÁLCULO MENTAL
EM PRISMAS E PIRÂMIDES

     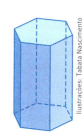

Responda ou complete.

a) Em toda pirâmide o número de _____ é igual ao número de _____.

Exemplo: uma pirâmide de base _____ tem _____ e _____.

b) Em todo prisma o número de vértices é par ou ímpar? _____

Exemplo: um prisma de base _____ tem _____ vértices.

c) Em toda pirâmide o número de vértices é _____ do que o número de lados da base.

Exemplo: uma pirâmide de base _____ tem _____ vértices, base com _____ lados e _____ = _____ + _____.

d) Em todo prisma o número de _____ corresponde a $\frac{2}{3}$ do número de _____.

Exemplo: um prisma de base _____ tem _____, _____ e $\frac{2}{3}$ de _____ = _____.

e) Em todos os prismas e em todas as pirâmides, se V é o número de vértices, F é o número de faces e A é o número de arestas, então $V + F - A =$ _____.

Exemplo: em um prisma de base _____ temos $V =$ _____, $F =$ _____, $A =$ _____ e _____ + _____ − _____ = _____.

DESAFIO

1. Ordene as letras, forme palavras e escreva com elas duas afirmações matemáticas corretas.

M T E	→					T I N E V	→					
E Q U	→					S L A O D	→					
E Z O D	→					E S	→		
C A A H M	→						E D	→	
I O V R D I S	→							É	→	
S S S A T E N E	→								
G O N L O P Í O	→								
O Á I S C G O N O	→									

AFIRMAÇÕES

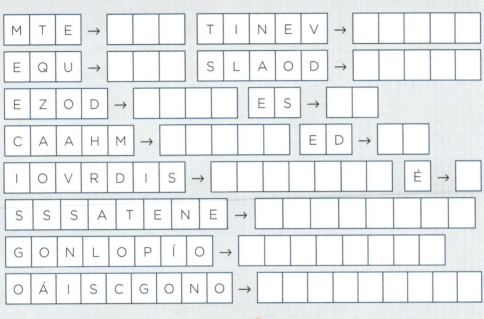

2. Agora, use 6 das palavras formadas no 1º desafio e complete com elas o diagrama de palavras a seguir.

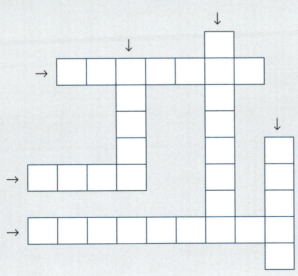

99

EF08MA08

É HORA DE
RESOLVER PROBLEMAS!

1. A idade de um pai é 3 vezes a idade de seu filho, sendo que, há 4 anos, a idade do pai era 4 vezes a idade do filho. Quantos anos cada um tem? _____

2. Juntos, André e sua irmã Marina gastam um pacote de papel sulfite em 12 dias.

   Sozinha, Marina gasta um pacote em 30 dias.

   Sozinho, em quantos dias André gasta um pacote? _____.

CÁLCULO MENTAL

CÓDIGO PARA MEDIDAS DE ABERTURA DE ÂNGULO

Decifre o código e, por meio dele, determine a medida de abertura do ângulo citado em cada item.

Código:

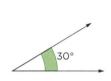 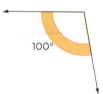 

a) $m(A\hat{O}B) =$ _____.   c) $m(\hat{E}) =$ _____.

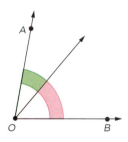 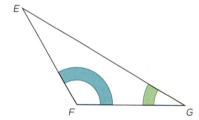

b) $m(R\hat{P}S) =$ _____.   d) $m(M\hat{H}L) =$ _____.

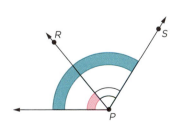 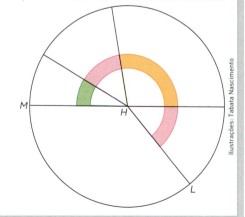

101

TERMOS DO VOCABULÁRIO MATEMÁTICO: VAMOS USAR?

Em cada frase, complete com o termo do vocabulário matemático que tenha a letra indicada como inicial.

A Em 3 + 5 = 8 temos uma _____.

B Na [figura], a parte verde é a _____.

C O número 100 indica uma _____.

D Na [figura], a linha pontilhada é um _____.

E [figura] é uma _____.

F O cubo é um sólido que tem 6 _____.

G Este é um ângulo reto: [figura]. Ele mede 90 _____.

H O polígono desenhado ao lado é um _____.

I Em $\sqrt[3]{8} = 2$, o número 3 se chama _____.

J A _____ simples de 1% ao mês, a quantia de R$ 1.000,00 rende R$ 20,00 em 2 meses.

102

K Em símbolo, um quilômetro é 1 _____.

L O segmento de reta AB é um _____ do △ABC.

M O número 18 é _____ do número 6.

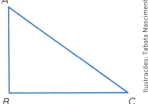

N 0, 1, 2, 3, 4, 5... é a sequência dos números _____.

O O resultado da radiciação $\sqrt{121}$ é _____.

P O _____ A é um dos vértices do △ABC.

Q Em 12 : 3 = 4, o resultado chama-se _____.

R Em toda circunferência, a medida do diâmetro é o dobro da medida do _____.

S O maior número primo de um algarismo é o _____.

T O resultado de 10^{12} é um _____.

U Metro, grama e litro são _____ de medida.

V Nas figuras abaixo, o ponto A é um _____.

W, X, Y Se $w = 2^3$, $x = 3^2$ e $y = 2 \cdot 3$, então ___ = 6, ___ = 8 e ___ = 9.

Z O número _____ é o elemento neutro da adição.

103

SITUAÇÕES DE MUDANÇAS

1. Leia o que disseram Mara e Pedro.

Se eu der uma nota de R$ 5,00 para você, nós ficaremos com quantias iguais.

Se eu der uma nota de R$ 5,00 para você, a sua quantia ficará sendo o triplo da minha.

Mara

Pedro

Descubra e registre.

Cédula de 5 reais.

a) Maria tem R$ _____ e Pedro tem R$ _____.

b) De acordo com a fala da Mara, ela ficará com R$ _____ e Pedro ficará com R$ _____.

c) De acordo com a fala de Pedro, ela ficará com R$ _____ e ele com R$ _____.

2. Um terreno com formato triangular tem a base com 10 m e altura com 8 m. Se houver um aumento de 2 m na base e uma redução de 2 m na altura, a medida da área ficará a mesma, aumentará ou reduzirá?

Calcule, registre e responda.

a) Medida da área antes:

_____.

b) Medida da área depois:

_____.

c) A medida da área:

_____

104

UMA AFIRMAÇÃO SOBRE QUADRILÁTEROS: VAMOS DESCOBRIR?

Observe os quadradinhos a seguir. Para cada um há um número e uma letra.

3,27	$\frac{7}{8}$	−4	0,8	$\frac{1}{9}$	+2	0,77	$\frac{2}{3}$
U	O	T	A	L	G	D	N

−5	$\frac{3}{10}$	1,1	+5	0	$\frac{1}{2}$	2,33	+6
E	S	R	L	N	A	D	O

3,5	−7	$\frac{1}{5}$	+3	0,09	−1	2,4	$\frac{5}{6}$
Q	R	O	U	O	Â	A	G

- Coloque os números inteiros na ordem crescente, com as letras.

- Aqui, ordene de maneira decrescente os números decimais.

- Neste item, coloque as frações na ordem crescente.

- Finalmente, coloque as três palavras formadas nos três itens anteriores para descobrir a afirmação.

| T | O | D | O | | | | | | | | | É |

| T | A | M | B | É | M | | | | | | | |

| E | | | | | | | . |

105

CÁLCULO MENTAL

ASSINALE, RESPONDA OU COMPLETE

1. Assinale a alternativa cujo resultado é um número racional não inteiro e positivo.

   ☐ $2 - 9$ ☐ $2 : 9$ ☐ $9^{\frac{1}{2}}$ ☐ $2^{\frac{1}{9}}$

2. Responda: Como é 94 300 000 escrito em notação científica?

   _____

3. Complete: Na igualdade $y = 2x^2 - 3x + 1$, para $x = -1$, temos $y =$ _____.

4. Complete: Se com a velocidade média de 50 km/h um carro percorre uma distância em 30 minutos, então, com a velocidade média de 100 km/h ele percorre a mesma distância em _____.

5. Assinale a alternativa que tem uma expressão algébrica cujo valor numérico para $x = 2$ é o mesmo da expressão $9x^2 - 1$.

   ☐ $(3x - 1) \cdot (3x - 1)$ ☐ $(3x + 1) \cdot (3x - 1)$

   ☐ $(3x + 1) \cdot (3x + 1)$

6. Responda: Se na figura ao lado, a soma das medidas dos ângulos assinalados é 180°, qual é o valor de x? _____

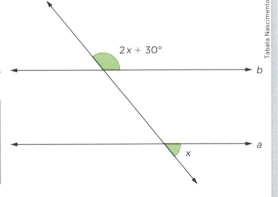

106

7. Complete: Na figura ao lado, temos x = z, y = 2z e x + y + z = 280°. Então:

x = _____, y = _____ e z = _____.

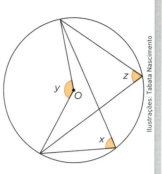

8. △ABC tem lados de 10 cm, 15 cm e 20 cm.
△EFG tem lados de 6 cm, 9 cm e 14 cm.
△PQR tem lados de 8 cm, 12 cm e 16 cm.
Complete: As medidas dos perímetros do △ABC, △EFG e △PQR são, respectivamente, _____, _____ e _____.

9. △ABC é um triângulo retângulo cujos lados medem 6 cm, 8 cm e 10 cm. Assinale a alternativa que mostra o cálculo correto da área da região triangular correspondente.

☐ $A = \dfrac{6 \cdot 10}{2} = 30 \text{ cm}^2$ ☐ $A = \dfrac{8 \cdot 10}{2} = 40 \text{ cm}^2$ ☐ $A = \dfrac{6 \cdot 8}{2} = 24 \text{ cm}^2$

10. Responda: Quando sorteamos um mês do ano, a probabilidade de sair um mês que tem exatamente 30 dias é de quantos por cento? _____

11. Responda: Em uma pirâmide com base quadrada e lados de 4 cm e altura de 6 cm, qual é a medida do volume? _____.

DEDUÇÕES LÓGICAS
VAMOS FAZER?

1. Nina, Mara, Lúcia e Ana são quatro amigas.

    Uma é cantora, uma é dentista, uma é atleta e uma é bancária.

    Uma é mineira, uma é gaúcha, uma é paulista e uma é pernambucana.

    Veja o que elas dizem e, em cada uma, escreva o nome, profissão e o estado do Brasil correspondentes.

Sou mineira e dentista e meu nome não é Lúcia.

Nome: _____.
Profissão: _____.
Estado: _____.

Meu nome é Nina e sou paulista.

Nome: _____.
Profissão: _____.
Estado: _____.

Meu nome é Ana e sou atleta.

Nome: _____.
Profissão: _____.
Estado: _____.

Sou cantora e não sou gaúcha.

Nome: _____.
Profissão: _____.
Estado: _____.

2. Qual é o valor de x? _____
   - x é número primo.
   - x é divisor de 1927.
   - x fica entre 40 e 50.
   - 180 : x dá resto 39

GABARITO

PÁGINA 8
1. R$ 640,00.
2. Item **c**.

PÁGINA 9
1.

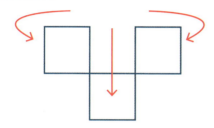

2. Possíveis respostas:
   a) $1 + 1 + 1 + 1 = 4$
   b) $2 + 2 + 2 - 2 = 4$
   c) $\sqrt{3 \cdot 3} + 3 : 3 = 4$
   d) $(4 - 4) \cdot 4 + 4 = 4$
   e) $(5 \cdot 5 - 5) : 5 = 4$
   f) $6 - (6 + 6) : 6 = 4$

PÁGINAS 11 E 12
a) 110 e 1 098
b) 1 010 e 97 902
c) 2 e 989
d) 160 e 5 760
e) 2 e 28

PÁGINA 16
1. a) 1 h e 15 min a mais; 5 h e 15 min e 6 h e 30 min.
   b) 400 g a menos; 4 kg e 200 g e 3 kg e 800 g.
   c) O triplo; R$ 5,40 e R$ 16,20.
   d) 25%; 3,2 m e 0,8 m
2. 2 cm e 1 mm, 3 cm e 1 mm, 5 cm e 2 mm; 8 cm e 3 mm e 13 cm e 5 mm

PÁGINA 21
a) A e G.
b) B e C.
c) H e J.
d) E e F.
e) D e I.

PÁGINA 23
a) Reflexão em relação a um eixo (axial).
b) Translação.
c) Rotação de 180° em torno de *C* (reflexão central).
d) Rotação de 90° no sentido horário em torno de *O*.

PÁGINA 26
1. a)

8	3	4
1	5	9
6	7	2

b)

18	23	22
25	21	17
20	19	24

Soma mágica: 15.

2.

$a + b$	$a - b - c$	$a + c$
$a - b + c$	a	$a + b - c$
$a - c$	$a + b + c$	$a - b$

Soma mágica: 3*a*.

DESAFIO

15	1	14
9	10	11
6	19	5

• Soma algébrica: 30.

PÁGINA 27
1. A, C e E
2. Painéis D e F.
3. Painel B

C	V	C	C
V	V	V	V
C	C	V	V
C	C	V	C

Painel G

C	V	C	C
V	V	C	C
V	V	V	V
C	C	V	C

PÁGINA 30
1. 12 fichas
2. Mauro: circular, amarela, *Y*; Paula: quadrado, marrom, *X*.
3. ⃞Y cinza; Ⓧ cinza.
4. ⃞X amarela; Ⓧ amarela.
5. ⃞X cinza, ⃞Y amarela, ⃞Y marrom, Ⓧ marrom, Ⓨ cinza e Ⓨ marrom.

109

PÁGINA 33
a) $4,5 \neq 2$
b) $16 \neq \dfrac{1}{16}$
c) $0,017 = 0,017$
d) $\dfrac{1}{6} \neq \dfrac{2}{3}$
e) $\dfrac{11}{4} = \dfrac{11}{4}$
f) $2 \neq 4$
g) $1100 = 1100$
h) $\dfrac{2}{3} = \dfrac{2}{3}$

PÁGINA 34
Loja A: R$ 2.162,00; Loja B: R$ 2.300,00; Loja C: 10%.
a) Loja C (10%).
b) Loja B (R$ 2.300,00).
c) Loja A (R$ 2.162,00).

PÁGINAS 41 E 42
1. 90 cadernos
2. 12 refeições
3. 40 maneiras diferentes
4. a) 8 números
   b) 230, 237, 290, 297, 730, 737, 790 e 797

PÁGINA 50
1. a) R$ 540,00.
   b) 44 100 habitantes
   c) Menor.
      • Sim

PÁGINA 53
2º Desafio: A e E; B e D; C e F

PÁGINA 54
1. a) (5, 2), (7, −3) e (4, −1)
   b) (−1, 3);
   c) $2x + 3y = 7$ e $3x + 4y = 9$
2. $24\ m^2$ e $36\ m^2$

PÁGINA 59
1.
2. 0 e 6; 2 e 4; 1 e 5; 3 e 3

PÁGINA 61
a) 5, 5 e pentágono
b) 62°, 42° e 118°
c) Diagonais; 2 diagonais.
d) $S_i = (n-2) \cdot 180°$ e $360°$.
e) $25,4\ cm$ e $35,7\ cm^2$

PÁGINA 64
1. a) 7
   b) 6 ou −6

PÁGINA 65
a) $x = 3$; $y = 5$; $z = 1$; $v = 3$; $w = 2$.
b) 14
c) 4
d) 21
e) $\dfrac{7}{12}$

PÁGINA 69
a) 3 000 L
b) 40 cm ou 0,4 m
c) Cabe mais 0,345 L de água na vasilha roxa, aproximadamente.

PÁGINA 70
a) 897
b) 610
c) 668
d) 360

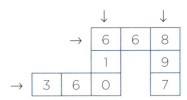

PÁGINAS 76 E 77
a) 60%; 75%; 100%; 80%; 0%
b) Verde, cinza, azul.

PÁGINA 82
1.

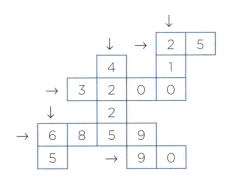

2.

2	5	1	1	3	5	0	9	3	1	5
Rosa		Azul		Marrom			Cinza		Amarelo	

PÁGINAS 85 E 86

a) $2\frac{1}{3} < 2\frac{9}{16}$

b) 132 = 132

c) −5 < 4

d) $1\frac{4}{9} > 1$

e) 5 = 5

f) $\frac{2}{3}$ ou 1 > 0 ou $\frac{1}{3}$

PÁGINAS 89 E 90

a) Não existe.

b) Existem dois (−3 e +3).

c) Não existe.

d) Existe só um (5).

e) Existem dois (−4 e 4).

f) Não existe.

PÁGINA 96

1.

letras da 1ª palavra / letras da 2ª palavra

2.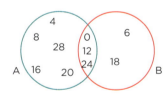

3.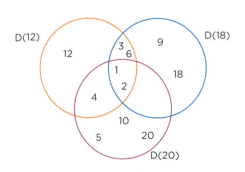

PÁGINA 98

Exemplos pessoais.

a) Vértices e faces.

b) Par.

c) 1 a mais

d) Vértices e arestas.

e) 2

PÁGINA 100

1. Pai: 36 anos; filho: 12 anos.

2. 20 dias

PÁGINA 101

a) 80°   c) 30°

b) 70°   d) 130°

PÁGINA 104

1. a) R$ 25,00 e R$ 15,00.

   b) R$ 20,00 e R$ 20,00.

   c) R$ 30,00 e R$ 10,00.

PÁGINA 105

Todo quadrado é também retângulo e losango.

PÁGINA 106

1. 2 : 9   4. 15 minutos

2. $9,43 \cdot 10^7$ 5. $(3x + 1) \cdot (3x - 1)$

3. $y = 6$ 6. 50°

PÁGINA 107

7. $x = 70°$, $y = 140°$ e $z = 70°$

8. 45 cm, 29 cm e 36 cm

9. $A = \frac{6 \cdot 8}{2} = \frac{48}{2} = 24$ cm²

10. 25%

11. 32 cm³

PÁGINA 108

1. Mara, dentista, Minas Gerais; Ana, atleta, Rio Grande do Sul; Nina, bancária, São Paulo; Lúcia, cantora, Pernambuco.

2. $x = 47$

111

REFERÊNCIAS

BOALER, J. *O que a matemática tem a ver com isso?* Porto Alegre: Penso, 2019.

BRASIL. Ministério da Educação. *Base Nacional Comum Curricular.* Brasília, DF: MEC, 2018.

BRASIL. Ministério da Educação. *Parâmetros Curriculares Nacionais* – Matemática: primeiro e segundo ciclos do Ensino Fundamental. Brasília, DF: MEC, 1997.

CARRAHER, T. N. (org.). *Aprender pensando.* 19. ed. Petrópolis: Vozes, 2008.

DANTE, L. R. *Formulação e resolução de problemas de matemática*: teoria e prática. São Paulo: Ática, 2015.

DEWEY, J. *Como pensamos.* 2. ed. São Paulo: Nacional, 1953.

KOTHE, S. *Pensar é divertido.* São Paulo: EPU, 1970.

KRULIK, S.; REYS, R. E. (org.). *A resolução de problemas na matemática escolar.* São Paulo: Atual, 1998.

POLYA, G. *A arte de resolver problemas.* Rio de Janeiro: Interciência, 1995.

PORTUGAL. Ministério da Educação. Instituto de Inovação Educacional. *Normas para o currículo e a avaliação em matemática escolar.* Lisboa: IIE, 1991. Tradução portuguesa dos Standards do National Council of Teachers of Mathematics.

POZO, J. I. (org.). *A solução de problemas*: aprender a resolver, resolver para aprender. Porto Alegre: Artmed, 1998.

RATHS, L. *Ensinar a pensar.* São Paulo: EPU, 1977.

SCHOENFELD, A. Heuristics in the classroom. *In:* KRULIK, S.; REYES, R. E. *Problem solving in school mathematics.* Reston: National Council of Teachers of Matethematics, 1980.